电力通信运维检修实用技术

主编　徐婧劼　副主编　王星

中国水利水电出版社
www.waterpub.com.cn
·北京·

内 容 提 要

本书突出实际应用，力图反映通信运维工作中常见的问题和解决方法，共分七章，第一章为电力通信概述，主要介绍电力通信发展概况、电力通信系统组成、电力通信关键技术以及电力通信业务等内容；第二章至第六章分别介绍通信电源系统运维、通信光缆施工架设及故障处理、SDH光传输系统运维、PCM设备运维，以及程控交换机设备原理与应用；第七章介绍常用仪器仪表与使用，包括光源和光功率计、2M误码仪、光时域反射仪、光缆普查仪等。

本书可作为从事电力系统通信技术人员的参考用书，也可作为电力系统通信的培训教材。

图书在版编目（CIP）数据

电力通信运维检修实用技术 / 徐婧劼主编. -- 北京: 中国水利水电出版社, 2018.10(2023.12重印)
ISBN 978-7-5170-7046-7

Ⅰ. ①电… Ⅱ. ①徐… Ⅲ. ①电力系统通信—维修 Ⅳ. ①TM73

中国版本图书馆CIP数据核字(2018)第242833号

书　名	**电力通信运维检修实用技术** DIANLI TONGXIN YUNWEI JIANXIU SHIYONG JISHU
作　者	主编　徐婧劼　副主编　王星
出版发行	中国水利水电出版社 （北京市海淀区玉渊潭南路1号D座　100038） 网址：www. waterpub. com. cn E-mail：sales@mwr. gov. cn 电话：(010) 68545888（营销中心）
经　售	北京科水图书销售有限公司 电话：(010) 68545874、63202643 全国各地新华书店和相关出版物销售网点
排　版	中国水利水电出版社微机排版中心
印　刷	天津嘉恒印务有限公司
规　格	184mm×260mm　16开本　9.5印张　225千字
版　次	2018年10月第1版　2023年12月第2次印刷
印　数	1001—2000册
定　价	**56.00**元

本书编委会

主　　编　徐婧劼

副 主 编　王　星

参编人员　李红梅　戴　睿　郭劲松　罗　曼　秦　俊

　　　　　刘继林　陈　强　李　帅　熊　波

前　言

电力通信系统是电网最重要的支撑系统之一，是确保电网安全、稳定、可靠运行的基础。为实现电力通信系统的健康运行和可持续发展，必须有目标、有计划、有步骤地开展电力通信生产运维工作。随着智能电网的发展，电力通信网逐步向宽带化、分组化、无线化演进，网络规模越来越大，组网形式更加多样，技术体制也越发复杂。这就对电力通信工作人员的运维检修水平提出了更高的要求。

本书以电力系统中广泛应用的技术为主线，介绍了电力通信电源、光缆、光传输、程控交换以及 PCM 等系统的运维检修方法，同时还详细介绍了常见通信仪器仪表的使用方法和注意事项。本书突出实际应用，力图反映通信运维工作中常见的问题和解决方法，可作为从事电力通信系统技术人员的参考用书，也可作为电力通信系统的培训教材。

本书分七章，第一章为电力通信概述，主要介绍电力通信发展概况、电力通信系统组成、电力通信关键技术以及电力通信业务等内容；第二章至第六章分别介绍通信电源系统运维、通信光缆施工架设及故障处理、SDH 光传输系统运维、PCM 设备运维，以及程控交换机设备原理与应用；第七章介绍常用仪器仪表与使用，包括光源和光功率计、2M 误码仪、光时域反射仪、光缆普查仪等。

由于作者水平有限，难免有不妥甚至疏漏之处，恳请广大读者批评指正。

编者

前　言

目　录

第一章　电力通信概述

电力通信网是确保电力系统安全稳定运行的重要支撑，同安全稳定控制系统、调度自动化系统合称为电力系统安全稳定运行的三大支柱，是电网调度自动化、网络运营市场化和管理现代化的基础，也是确保电网安全、稳定、经济运行的重要手段。随着通信行业在社会发展中的作用日益凸显，电力通信业务不再仅仅局限于电话语音、调度实时控制信息等窄带业务，电力通信网更需要承载客户服务中心、营销系统、地理信息系统（GIS）、人力资源管理系统、办公自动化系统（OA）、视频会议、IP 电话等宽带业务。电力通信在协调电力系统发电、输电、变电、配电、用电等各环节的联合运转及保证电网安全、稳定、可靠运行方面发挥了应有作用，并有力地保障了电力调度、基建、行政、防汛、继电保护、安全自动装置、自动化等通信需要，社会及经济效益巨大。

第一节　电力通信发展概况

电力通信伴随着我国电力工业的发展，走过了半个多世纪的历程。回顾我国电力通信网的发展，它从无到有，从简单到当今的复杂网络；从较为单一的通信电缆和电力线载波通信手段到包含光纤、数字微波、卫星等多种通信手段并用，以及今后的智能电网；从局部点线通信方式到覆盖全国的干线通信网和以程控交换为主的全国电话网、移动电话网、数字数据网；从使用普通电源到使用专用的直流开关电源和蓄电池组。所有这些，无不展现电力通信发展的辉煌成就。

随着电网规模的不断扩大及现代化管理的需要，电力通信网在网络规模、传输容量、硬件装备、技术水平等方面得到迅速发展。目前已初步形成了以光纤通信网络为主，微波、卫星、电力线载波网络为辅，可提供各类通信业务的覆盖全公司系统的电力通信网络。

今后一段时期，电力通信中最理想的传输媒介仍然是光纤。光纤高速传输技术正沿着扩大单一波长传输容量、超长距离传输和波分复用等三个方向发展。由光交换机等组成的全光网络也进入了全面实用阶段。光通信已渗入到网络的各个层面，从长途网、本地网、接入网，一直到用户接入网。

尽管电力通信网得到了长足的发展，电力通信网络规划建设时已充分考虑了适当的发展裕度，较好地满足了电网生产和企业管理各方面业务增长的需要，但依然存在着许多亟须解决的问题。这其中包括传输网规模日益扩大带来的网络管理问题、电力系统“智能电网”战略给通信网带来的挑战与机遇、电力企业信息化发展为通信网提出的新要求等。近年来电网业务迅猛发展，生产和管理信息量激增，通信带宽裕量消耗很快，部分区段几乎已无可用资源。更难以适应今后 5～10 年内持续快速发展的要求，通信网发展面临较大的技术台阶和投资需求。

同时，现代化电网已经进入智能电网发展时代。智能电网是电力、自动化和信息通信三大技术的结合。从智能电网的信息化、互动化、自动化特征中不难看出信息通信在智能电网中所处的重要地位。智能电网的建设要求通信也要向着统一、高效、灵活和高生存性的方向快速发展。随着智能电网的全面建设，电力系统通信技术大发展的时代已经开始。

因电力通信网传输的信息大量涉及电力生产、运行和安全，而电力系统事故具有快速性的特点，如果事故不能及时地发现，或发现事故后控制命令不能及时下达，将会造成巨大的损失。所以电力通信网必须稳定、可靠而且高效。电力通信网作为一种专用网，具有以下特点：

（1）高可靠性。即信息传输必须高度可靠、准确，绝不能出错。

（2）实时性。即信息的传输延时必须很小。

（3）连续性。由于电力生产的不间断性，电力系统的许多信息是需要占用专门信道，长期连续传送的。

此外，随着电力通信业务需求的多样化发展，同公网通信一样，下一代电力通信网将呈现出如下特征。

1. 网络信道朝光纤化、宽带化发展

由于光纤本身具有大带宽、轻重量、低成本以及容易维护等优势，一直以来应用于骨干传输网络。随着电力业务需求的增长，光纤通信已逐渐渗透至中继网和接入网。目前光纤到路边、光纤入楼、光纤入户已开始普及，最终将实现全光网络。

受电网发展影响，电力通信网络业务需求经历了从单纯的文本到图像，再到标清、高清、超高清、视频点播等一系列转变；与此同时，光纤传输、计算机和高速信号数字处理器件等关键技术也取得突破性进展，二者相互作用，促使电力通信网宽带化进程日益加速。

2. 网络 IP 化

电力通信网络应用向 IP 汇聚以及传输的分组化使得调度电话、调度数据网、综合数据网、电视电话会议等实时业务逐渐转移至 IP 网络；而传输网络经过 SDH、OTN、PTN 等发展阶段后，会继承光传输系统的传统优势，实现网络传输分组化、IP 化的有序演进。

3. 接入网宽带化、IP 化、无线化

分析电网业务变化趋势可以看出，云计算、数据中心、高清视频等技术在电力生产运营中的深化应用将不断推动接入网的发展。接入网宽带化、IP 化进程已不可阻挡。随着移动通信技术带宽性能的不断提升，尤其是基于电力通信网的 230MHz LTE 技术在电力系统中的推广应用，无线接入将成为满足电力调度自动化、市场营销、远程办公等业务宽带化接入需求的必要手段。

4. 网络定制化、功能虚拟化

在公网发展的带动下，下一代电力通信网必然采用分组化的、分层的、开放的结构。网络的定制化和功能的虚拟化将是实现灵活、智能、高效、开放网络的主要途径。

软件定义网络（SDN）是今年来实现网络定制化的首要方法，其思想是控制功能和转发功能分离，通过软件方式对网络的控制功能进行抽离和聚合，可以实现网络连接的可编程和不同设备与系统的统一平台管控。

网络功能虚拟化通过组件化的网络功能模块实现控制功能的可重构，从而派生出丰富的网络功能。网络功能可以按需编排，根据不同场景和业务特征需求灵活组合功能模块，按需定制网络资源和业务逻辑，从而增强网络的弹性和自适应性。

第二节　电力通信系统组成

一、通信系统概念及分类

实现信息传递所需的一切技术设备和传输媒质的总和称为通信系统。以基本的点对点通信为例，通信系统的组成（通常也称为一般模型）如图1-1所示。

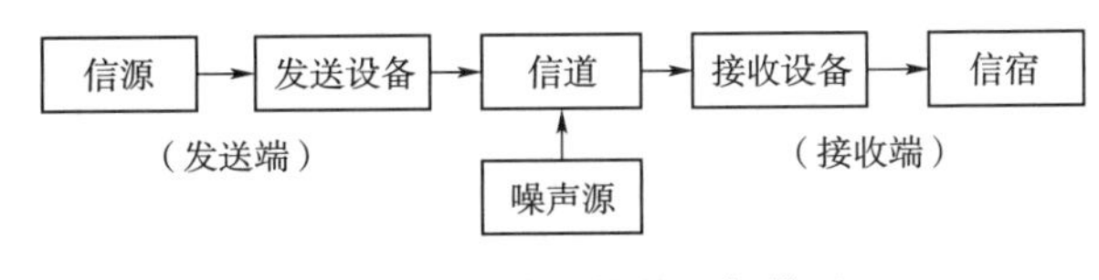

图1-1　通信系统的一般模型

图1-1中，信源（信息源，也称发送端）的作用是把待传输的消息转换成原始电信号，如电话系统中电话机可看成是信源。信源输出的信号称为基带信号。所谓基带信号是指没有经过调制（进行频谱搬移和变换）的原始电信号，其特点是信号频谱从零频附近开始，具有低通形式。根据原始电信号的特征，基带信号可分为数字基带信号和模拟基带信号，相应地，信源也分为数字信源和模拟信源。

发送设备的基本功能是将信源和信道匹配起来，即将信源产生的原始电信号（基带信号）变换成适合在信道中传输的信号。变换方式是多种多样的，在需要频谱搬移的场合，调制是最常见的变换方式。对传输数字信号来说，发送设备又常常包含信源编码和信道编码等。

信道是指信号传输的通道，可以是有线的，也可以是无线的，甚至还可以包含某些设备。图1-1中的噪声源是信道中的所有噪声以及分散在通信系统中其他各处噪声的集合。

在接收端，接收设备的功能与发送设备相反，即进行解调、译码、解码等。它的任务是从带有干扰的接收信号中恢复出相应的原始电信号来。

信宿（受信者，也称收端）的作用是将复原的原始电信号转换成相应的消息，如电话机将对方传来的电信号还原成了声音。

图1-2表示出电力通信系统中常用设备的连接情况。音频配线架可实现音频信号的连接；脉冲编码调制（PCM）设备的主要功能是将音频信号汇接成2M信号或将2M信号解复用成音频信号；数字配线架可实现2M信号的连接；光端机的主要功能是将2M信号或以太网信号汇接成光信号或将光信号解复用成2M信号或以太网信号；光纤配架线可实现光信号的连接。远动、继电保护等设备可以分别提供64K、2M、以太网（RJ45）或光接口。

通信的目的是传递消息，按照不同的分法，通信可分成许多类别，常用的分类方法如下：

（1）按通信业务分，通信系统有话务通信和非话务通信。电话业务在电信领域中一直占主导地位，它属于人与人之间的通信。近年来，非话务通信发展迅速，非话务通信主要是分组数据业务、计算机通信、数据库检索、电子信箱、电子数据交换、传真存储转发、可视图文及会议电视、图像通信等。由于话务通信最为发达，因而其他通信常常借助于公共的话务通信系统进行。

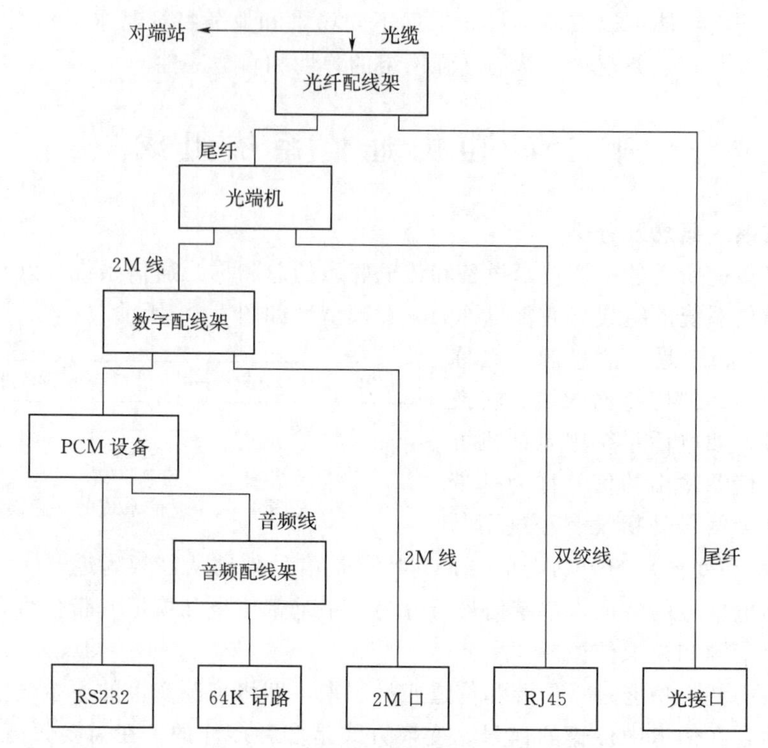

图1-2　电力通信系统常用设备连接情况

未来的综合业务数字通信网中各种用途的消息都能在一个统一的通信网中传输。此外，还有遥测、遥控、遥信和遥调等控制通信业务。

(2) 按信号特征分，按照信道中所传输的是模拟信号还是数字信号，相应地把通信系统分成模拟通信系统和数字通信系统。

(3) 按工作波段分，可分为长波通信、中波通信、短波通信、远红外线通信等。

(4) 按调制方式分，可将通信系统分为基带传输和频带（调制）传输。基带传输是将未经调制的信号直接传送，如音频市内电话。频带传输是对各种信号调制后传输的总称。

(5) 按传输媒质分，可分为有线通信系统和无线通信系统两大类。有线通信是用导线（如架空明线、同轴电缆、光导纤维、波导等）作为传输媒质完成通信的，如市内电话、有线电视、海底电缆通信等。无线通信则依靠电磁波在空间传播达到传递消息的目的，如短波电离层传播、微波视距传播、卫星中继等。

二、电力通信系统组成

电力通信系统是电力系统专用业务通信服务网，是建立在电网之上组成电力系统的另一个实体网络，主要构架是：骨干通信网覆盖所有区域的电网，终端通信接入网管理局域的小部分电网，并接入到骨干通信网中。其中，国家电网有限公司（以下简称国家电网公司）通信骨干网的网络层次结构又分为四级，终端通信接入网分为两级，如图1-3所示。

(1) 骨干通信网由跨区、区域、省、地市（含区县）共4级通信网络组成，涵盖35kV及以上电网厂站及电网系统内各类生产办公场所。

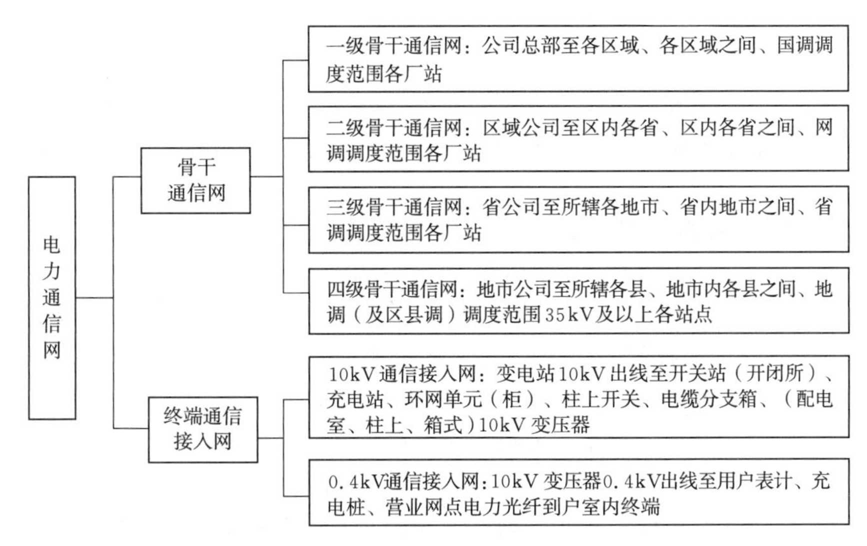

图1-3　国家电网公司电力通信网络层次架构图

目前，我国电力企业智能电网能够实现电力的远距离以及大容量输送，能够保证输电网络在进行电力输送时减少电力消耗，同时，由于智能电网实际建设和运行中，采用可再生能源，能够对输电网络整个跨区域输电过程实现优化配置。除此之外，智能电网中的输电网络通过电力通信技术，有效反馈整个输电网络实际输送能力以及具体监控状态等，对有效监控整个输电网络基础终端、实际运行状况以及线路状态非常有利，同时能依据自动收集获得的监控信息实现统一分析和统一处理，电力企业可以依据分析以及处理结果准确判断部分区域以后的具体用电需求，因此，电力通信技术对电力企业智能输电网络有着非常重要的意义。

（2）终端通信接入网由10kV通信接入网和0.4kV通信接入网两部分组成，分别涵盖10kV（含6kV、20kV）和0.4kV电网。10kV通信接入网包括变电站10kV（6kV、20kV）出线至配电网开关站、配电室、环网单元、柱上开关、配电变压器、分布式电源站点、电动汽车充换电站的通信网络。0.4kV通信接入网由用电信息采集终端、室内用电交互终端、电动汽车充电桩等通信站点组成。

终端通信接入网处于非常重要的地位，对于传统铜缆时代来说，通信市话网中的使用者接入通信网时所花资金成本占总投资的30%～45%。传统电力系统最主要的工作就是处理通信中存在的变电、输电、发电等问题，由于用户面比较狭窄，因此接入问题不是很显著。可是在用户电力要求和城市电网改造越来越频繁的今天，用户通信问题需要得到有效的解决。

第三节　电力通信关键技术

目前，我国正处于智能电网全面建设时期，大量涉及电力生产、运行、管理的信息需要安全、稳定、可靠、迅速地进行传输，高速、双向、实时的电力通信网为智能电网建设提供了坚强支撑，其关键技术主要有光纤通信、数据通信网、交换技术、电视电话会议、通信电源等。

一、光纤通信

目前，光纤通信技术主要有SDH、OTN、PTN、PON、ASON等。其中，SDH、OTN、PTN适用于骨干通信网，PON适用于终端通信接入网。

1. SDH

1988年，国际电报电话咨询委员会（CCITT）接受了SONET概念，并重新命名为同步数字体系（Synchronous Digital Hierarchy，SDH），使其不仅适用于光纤，也适用于微波与卫星传输的通用技术体系。SDH对电接口采用统一的CMI编码，在光接口方面采用世界性统一标准，即加扰的NRZ码，从根本上解决了不同厂家的传输设备组网问题。

SDH采用的信息结构等级称为同步传送模块STM-N（Synchronous Transport Mode，N=1、4、16、64），最基本的模块为STM-1，四个STM-1模块字节间插复用构成STM-4，16个STM-1或四个STM-4同步复用构成STM-16，四个STM-16同步复用构成STM-64。SDH的帧传输时按由左到右、由上到下的顺序排成串型码流依次传输，每帧传输时间为125μs，每秒传输8000帧，对STM-1而言每帧比特数为$8\times(9\times270\times1)=19440$(bit)，则STM-1的传输速率为$19440\times8000=155.520$(Mbit/s)；而STM-4的传输速率为$4\times155.520=622.080$(Mbit/s)。

在电网中，SDH网络主要承载继电保护、安全自动装置、调度自动化、调度交换、行政交换、信息内外网、电视电话会议等中低带宽业务。

2. OTN

OTN主要是以波分复用技术为基础、在光层组织网络的传送网，是下一代的骨干传送网。OTN是通过G.872、G.709、G.798等一系列ITU-T的建议所规范的新一代“数字传送体系”和“光传送体系”，将解决传统WDM网络无波长/子波长业务调度能力差、组网能力弱、保护能力弱等问题。

OTN承载综合数据网、调度数据网、变电站智能监控等大颗粒业务。

3. PTN

PTN（分组传送网，Packet Transport Network）是一种光传送网络架构和具体技术：在IP业务和底层光传输媒质之间设置了一个层面，它针对分组业务流量的突发性和统计复用传送的要求而设计，以分组业务为核心并支持多业务提供，具有更低的总体使用成本（TCO），同时秉承光传输的传统优势，包括高可用性和可靠性、高效的带宽管理机制和流量工程、便捷的OAM和网管、可扩展性、较高的安全性等。

4. PON

PON（无源光网络，Passive Optical Network）是一种基于点到多点（P2MP）拓扑的技术，是一种应用于接入网、局端设备（OLT）与多个用户端设备（ONU/ONT）之间通过无源光缆、光分/合路器和光分配网（ODN）连接的网络。目前，电网运用最为广泛是EPON，随着电网业务的发展和规模的扩大，GPON、10GPON等大容量光接入技术将得到应用。

5. ASON

ASON（自动光交换网络，Automatically Switched Optical Network）是一种由用户

动态发起业务请求，自动选路，并由信令控制实现连接的建立和拆除，能自动、动态地完成网络连接，融交换、传送为一体的新一代光网络。

二、数据网络

调度数据网主要承载调度自动化、电能计量系统、功角测量系统等调度自动化业务。调度数据网根据组网规模可采用分层结构，大规模分三层，核心、汇聚、接入；中规模分为两层，核心和接入；小规模不分层。

综合数据网通过2.5G SDH、2.5G或10G波分光路以及专用纤芯组网，用于传送办公自动化、电力营销、财务管理、人力资源等业务。一般来说，根据电力系统建设规模，综合数据网的结构会有所不同，大规模的为多层架构，中规模的为两层网络结构（骨干网和省地市网），小规模的为单层结构。

三、交换技术

电话交换系统主要由调度交换系统与行政交换系统组成，根据网络规模可采用分层结构和不分层结构。网络由交换节点及电力通信专用传输链路构成，并采用数字中继、信令方式进行组网。以省级电网公司为例，由各地市供电公司配备两套独立的程控交换机分别用于办公行政与调度使用，各地市供电公司之间的程控交换机采用2×2M电路互连，组成公司系统的电话交换系统。

四、电视电话会议

电视电话会议系统包括电话会议系统、会议电视系统和一体化会议系统三种。以国家电网公司为例，召开电视电话会议时，电视会议系统和电话会议系统同时运行，电话会议系统作为电视会议系统的音频。会议电视系统包括公司级和部门级两种平台。一体化电视电话会议系统包括基于视频VPN的网络硬视频系统和基于信息内网的软视频系统。

五、通信电源

通信电源系统主要由交流供电系统、直流供电系统和接地系统组成，并通过智能设备实现通信电源集中监控。

500kV/330kV的超特高压变电站采用独立的通信电源为通信设备提供直流电源；220kV及以下变电站通信电源宜由站内一体化电源系统实现。此外，不少新能源也逐步使用一体化电源替代传统分立电源。

第四节　电力通信业务

电力通信系统业务根据其功能、特点主要分为电网运行业务和企业管理业务。电网运行业务分为运行控制业务和运行信息业务；企业管理业务又分为管理信息业务和管理办公业务。这些业务都依赖通信网络的支撑，但对通信的实时性、准确性和可靠性的要求又不尽一致。

一、运行控制业务

运行控制业务作为电网控制的一个环节，直接关系到电网安全，由于此类业务对通信传输时延、通道可靠性要求极高，目前主要使用电力通信专网。该类业务主要有继电保护业务、安全稳定控制业务、调度语音业务以及调度自动化业务等。

1. 继电保护业务

继电保护业务指高压输电线路继电保护装置间传递的远方信号，是电网安全运行所必需的信号，要求通信时延在 12ms 以内，对通信通道路由、使用技术有严格要求，因通信方式安排不当会导致继电保护误动。通信通道中断要求立即响应，必须立即处理。继电保护业务主要采用复用 2M 电路、专用光纤芯、电力载波高频保护。从通信模式来看，继电保护通道属于厂站间通信，典型的点对点分散式模式，不会在某一点产生极大的带宽需求，继电保护业务流向如图 1-4 所示。

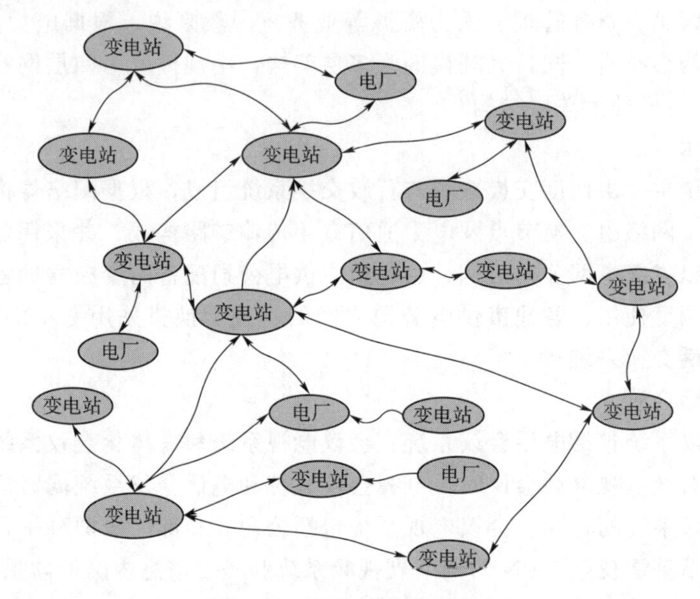

图 1-4　继电保护业务流向

继电保护业务主要采用专用光纤芯、复用 2M 电路、电力载波高频保护。其中专用光纤通道由于具有抗电磁干扰、可靠性高、传输容量大等特点，是继电保护信号传输的首选方式。同时，虽然电力线路故障和通信通道故障同时发生的概率微乎其微，但由于保护信号的重要性，一般在传输通道上会选择两条独立的物理通道，一条为主用通道，另一条为备用通道，分别走不同的物理路由，即双传输通道，以保护通信设备实时监测传输通道的质量，当主用传输通道发生故障或通信质量降低（误码、不可用等）的时候，可以通过备用通道继续保持通信，在主用通道恢复正常时再从备用通道切换回主用通道。这种双传输通道保护方式在更大程度上保证了保护信号的不间断传输。

2. 安全稳定控制业务

安全稳定控制业务通过由 2 个及以上厂站的安全稳定控制装置通过通信设备联络构成的系统切机、切负荷，实现区域或更大范围的电力系统的稳定控制，是确保电力系统安全稳定运行的第二道防线，要求通信传输时延小于 30ms，通信误码率为不大于 10^{-8}，带宽需求为 64k～2Mb/s，对通信的可靠性要求极高。安全稳定控制业务主要采用光通信 2M 电路。从通信模式来看，安全稳定通道属于厂站间通信，典型的汇聚式模式，目前公司只有少部分高压电网应用了此种业务，不会在某一点产生极大的带宽需求。安全稳定控制系统主从式多层通信业务流向如图 1-5 所示。

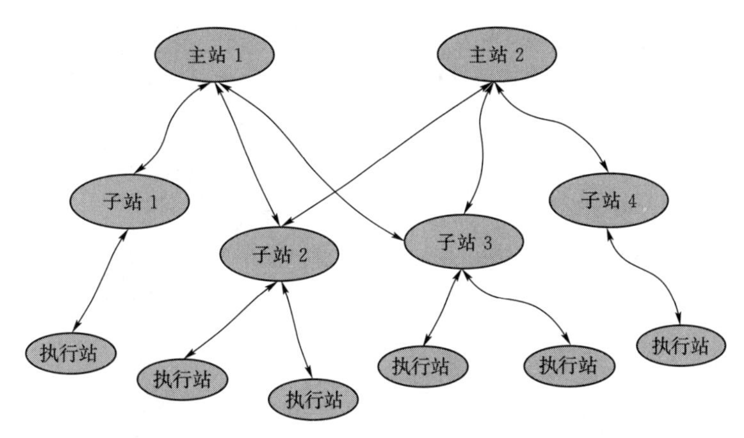

图 1－5　安全稳定控制系统主从式多层通信业务流向

3. 调度语音业务

调度语音业务即调度电话业务。调度电话是根据电力调度建设的专用独立电话通道，它可以实现系统调度并有效地指挥生产，具备实时录音及事后放音分析的功能。调度语音业务通道要优先分配，并具有专用性、可靠性，并配有备份电路。对于电力调度电话，有高度的可靠性要求，不但在正常情况下，而且在恶劣的气候条件下和电力系统发生事故时，均要保证电话畅通。调度电话要求通信时延在 300ms 以内，通信误码率不大于 10^{-8}，带宽需求为 64k～2Mb/s。从通信模式来看，主要为调度机构和厂站间的通信，为典型的汇聚式模式，会对主站端产生比较大的带宽需求。在功能方面除具备普通电话的通话功能外，一般还具备其他一些特殊功能。目前国网公司变电站基本都部署了调度电话，通道需求数量极大。

4. 调度自动化业务

调度自动化业务包括电网实时监控与智能告警、电网自动控制、网络分析、调度运行辅助决策、调度数据网管理及电力监控系统网络安全防护等。

调度自动化系统提供用于电网运行状态实时监视和控制的数据信息，实现电网控制、数据采集（SCADA）和调度员在线潮流、开断仿真和校正控制等电网高级应用软件的一系列功能。要求通信时延在 100ms 以内，通信误码率不大于 10^{-8}，带宽需求为 64k～2Mb/s，对通信的可靠性要求极高。调度自动化业务主要采用光通信 2M 电路、调度数据网、电力载波等技术；在发生自然灾害等应急情况下，部分重要厂站与调度中心之间还会采用卫星通信或公网通信作为备用手段，但只能保证调度自动化的“两遥”功能（遥信、遥测）。从通信模式来看，主要为调度主站系统和厂站间的通信，为典型的汇聚式模式，会对主站端产生比较大的带宽需求。目前国网公司变电站基本都部署了调度自动化系统，通道需求数量极大。调度自动化通信业务流向如图 1－6 所示。

二、运行信息业务

运行信息业务覆盖范围广、通道可靠性要求高，通信误码率要求小于 10^{-6}，通道时延要求相对较低，一般允许几百毫秒以内，通信方式以专网通信为主，公网通信为辅助补充。该类业务主要分为保护管理信息业务（包括行波测距、故障录波等业务）、PMU（电力系统同步相量测量系统，Performance Monitor Unit）业务、稳控管理信息业务、配电通信网业务、营销用电信息业务等。

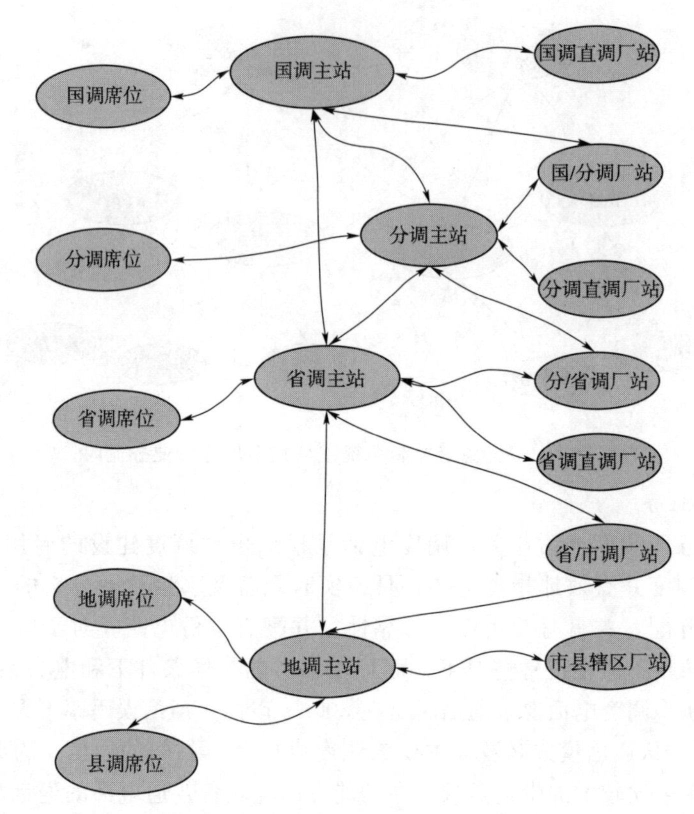

图1-6 调度自动化通信业务流向

1. 保护管理信息业务

保护管理信息系统的主要功能是通过实时收集变电站的运行和故障信息，为分析事故、故障定位及整定计算工作提供科学依据，以便调度管理部门做出正确的分析和决策，保证电网的安全稳定运行。

保护管理信息系统主要由网、省、地级调度中心或集控站主站系统和各级发电厂、变电站端的子站系统通过电力系统的通信网络组成。目前保护管理信息系统主要部署在220kV及以上电网站点，覆盖范围广，业务数量多。保护管理信息业务流向如图1-7所示。

2. PMU业务

PMU主要功能是利用GPS同步时钟技术，进行集中相角的监视和稳定控制。电网内的变电站和发电厂安装PMU后，就能够使调度人员实时监视到全网的动态过程。目前PMU系统主要部署在220kV及以上的电网站点，覆盖范围比较大，业务数量比较多。PMU业务流向如图1-8所示。

3. 稳控管理信息业务

稳控管理信息业务对控制主站、控制子站检测和收集到的信息、子站对有关指令的执行情况和执行结果、子站及其执行站的装置及通信通道的正常、异常和故障情况进行分析。对通信通道路由、使用的技术有严格要求，需严格保证通信通道可用，保证通信安全可靠，不被恶意侵入。目前，主要采用光通信2M通道或调度数据网承载。

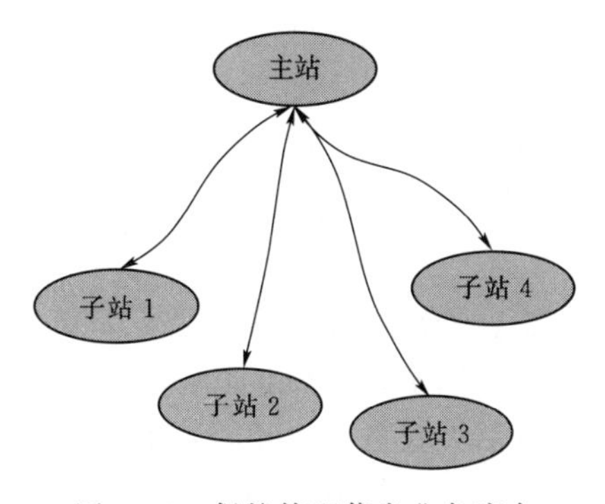

图 1-7　保护管理信息业务流向

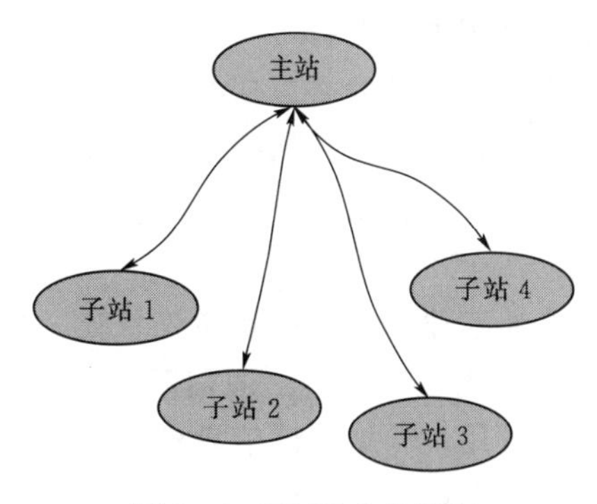

图 1-8　PMU 业务流向

4. 配电通信网业务

配电通信网业务包括变电站视频监视、设备在线监测及配电自动化数据信息等，数据业务和视频业务涵盖所有配用电终端及变电站。其中，数据业务主要是以周期性的上行数据为主。

5. 营销用电信息业务

营销用电信息业务包括电能计量（智能电表实时采集的电力用户用电量信息）、负荷需求侧管理（包括负荷预测、电能质量监测、负荷控制参数下发等）等数据。

三、管理信息业务

管理信息业务主要有财务管理业务、市场营销业务、信息支持业务等，是电力企业运行、管理的支撑系统，对通信可用性、可靠性、安全性等要求极高，对时延要求相对较低，一般要求几秒以内，通信方式以专网通信为主。

1. 财务管理业务

财务管理系统、财务公司数据报送系统等财务管理业务，单点带宽达到 2Mb/s，要求通信时延在几秒内，通信误码率不大于 10^{-3}，需严格保证通信通道绝对可靠，严格保证信息不被恶意截获和修改。财务管理业务部署在公司各级办公场所，范围比较广。

2. 市场营销业务

营销管理系统、客户服务系统、电力分析预测系统、市场部用电负荷分析和决策支持系统等市场营销业务，单点带宽最高达到 2Mb/s，要求通信时延在几秒内，通信误码率不大于 10^{-3}，需严格保证通信通道可靠，严格保证信息不被恶意截获和修改。市场营销业务在电网企业内部全部使用电力专网通信，主要采用综合数据网技术；与银行等外系统单位联网时，采用公网通信。市场营销业务部署在公司各级办公场所，包括供电所营业站等，范围比较广。

3. 信息支持业务

信息支持业务，包括企业信息门户、企业综合决策支持系统、内部邮件系统、电子印章系统、视频点播系统、PKI 身份认证、信息分类和编码系统等。单点带宽一般要求在 10Mb/s 以内、通信时延在几秒内，通信误码率不大于 10^{-3}，需严格保证通信通道可用，严格保证信息不被恶意截获和修改。信息支持系统全部使用电力专网通信，主要采用综合数据网等。

四、管理办公业务

管理办公业务主要包括办公通信业务和办公信息业务两种，主要满足企业内外通信需求。其中，办公通信包括视频会议系统、办公电话（内线、外线）；办公信息则包括办公自动化系统、远程培训、Internet（外网）等。这两种业务类型均采用综合数据网承载。

1. 办公通信业务

办公通信业务包括视频会议系统、办公电话（内线、外线）等。视频会议系统单点带宽最高达到 2Mb/s，要求通信时延在几百毫秒内，通信误码率不大于 10^{-3}，需严格保证通信通道可用，严格保证信息不被恶意截获和修改。电话类业务，其要求与普通公网用户类似。办公电话、视频会议主要部署在公司各级办公场所，包括变电站、供电所等，范围极广。

2. 办公信息业务

办公信息业务包括办公自动化系统、远程培训、Internet（外网）、移动办公（CDMA/GPRS/3G）等。单点带宽一般在 0.5Mb/s 以内，要求通信时延在几秒内，通信误码率不大于 10^{-3}，需严格保证通信通道可用，严格保证信息不被恶意截获和修改。办公信息业务在电网企业内部全部使用电力专网通信，主要采用综合数据网技术；与中国联通、中国移动、中国电信等外系统单位联网时，采用公网通信。此类业务主要部署在公司各级办公场所，包括变电站、供电所，范围极广。

综上，现代化大电力系统对于通信系统的业务服务要求是多方面的，基于电力通信业务自身在安全性、可靠性、扩展性方面的考虑，需要建设相应的业务网来分类承载相应业务，目前主要的业务网络包括调度数据网、综合数据网等，另外还有一些其他业务需要由传输网提供专线通道。对实时性要求最高的继电保护业务，直接承载在传输平台或裸光纤；对于安全性要求比较高的业务包括调度自动化等业务，主要承载在调度数据网；对于财务管理业务、市场营销业务等，主要承载在综合数据网上。

第二章　通信电源系统运维

在电力通信中，通信电源系统能为通信设备提供交直流电，是通信系统的动力源，具有非常重要的地位，是保障通信系统正常运行的关键设备。如果某一站点通信电源系统失电，将导致该站点的所有通信设备断电，引起经过该通信站点的安控、保护、调度、自动化、电能计量等所有实时和非实时通信中断，严重威胁电网的安全稳定运行。为保证电力系统安全稳定运行，通信电源系统必须具备高稳定性和可靠性，因而通信电源的运行维护工作就变得尤其重要。

国家电网公司十八项反事故措施要求：220kV 及以上电压等级变电站、重要厂站应接入双电源，重要设备应接入双电源，同一线路两套复用保护，两套接口装置应分别接入不同的通信电源。因此，在本章介绍的电力通信电源系统中，交流配电单元配备了两路交流电源输入和双电源切换装置，保障通信电源不间断地为通信设备供电，从而保障通信系统的安全、稳定运行。

第一节　通信专用电源系统组成

通信专用电源是专为电力通信设备供电的电源系统，包括－48V 高频开关电源系统、通信用 UPS 电源系统、通信蓄电池、通信电源监控和一体化电源系统。目前，500kV/330kV 的超特高压变电站采用独立的通信电源为通信设备提供－48V 直流电源；220kV 及以下变电站通信电源广泛使用站内一体化电源系统。

一、－48V 高频开关电源系统

－48V 高频开关电源系统由交流配电单元、整流模块单元、直流配电单元、蓄电池组和监控模块等单元组成，其工作原理如图 2－1 所示。

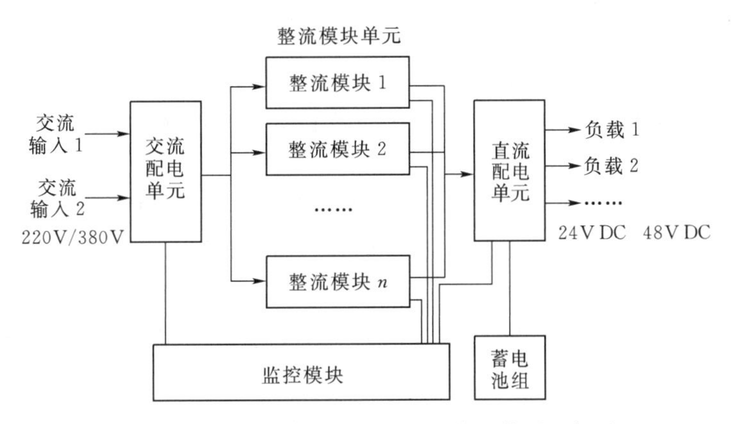

图 2－1　－48V 高频开关电源系统工作原理框图

1. 交流配电单元

交流配电单元由双电源切换装置、交流检测装置和D级防雷装置组成，如图2-2所示。

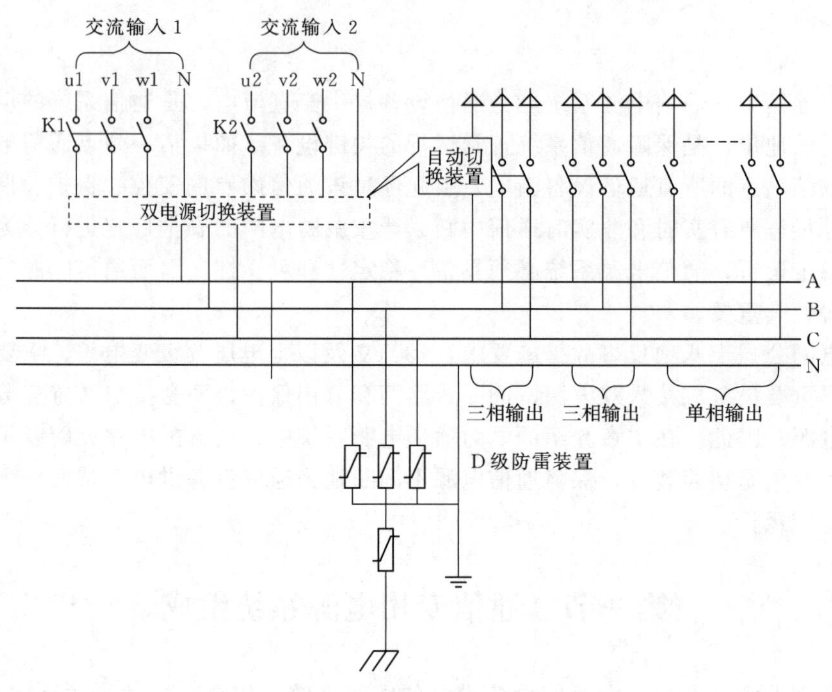

图2-2 交流配电单元原理图

(1) 双电源切换装置可在两路交流电源中进行切换，选择一路交流电源为交流输入，从而为整流模块和其他需要交流的设备提供交流电源。双电源切换装置要求有机械或者电气互锁，防止两路交流输入短接。双电源切换装置主要有手动切换、自动切换和ATS切换三种切换方式。

1) 手动切换采用机械互锁原理，主要由开关和互锁装置组成，切换两路交流时需要手动操作。其优点为造价低，可靠性高。自动切换一般由塑壳断路器或微断开关、交流接触器、控制电路三部分组成。

2) 自动切换可实现自动切换交流输入的功能，当其中一路市电发生故障时可自动切换到另一路市电继续供电，通常以第一路交流输入作为主用回路，这种方式成本相对较高。

3) ATS切换同时具备手动和自动切换功能，主要由开关和控制器组成，可根据实际情况（如过压、欠压、频率偏差等）对切换的条件进行设置。ATS分为PC级和CB级。PC级只完成双电源自动转换功能，其优点为结构简单、体积小、自身连锁、转换速度快、安全、可靠等；CB级不仅能完成双电源自动转换的功能，又具有短路电流保护的功能。

(2) 交流检测装置将交流电源的电压和电流实时值经过变送器转换为监控模块需要的交流部分信息，以及在监控模块上显示（读取）和发生异常的告警信息。

(3) D级防雷装置可以防止雷击过电压对通信电源系统造成影响，因而防雷装置关系到通信电源系统的安全。

2. 整流模块单元

整流模块单元包括整流模块和整流模块机架两部分。整流模块的功能是将220V交流变换为48V直流，然后输入至直流配电单元中，如图2-3所示。整流模块机架不仅能为整流模块在安装结构上提供物理支撑作用，而且还有汇流母排、将各整流模块的直流输出汇接至直流配电单元的作用。

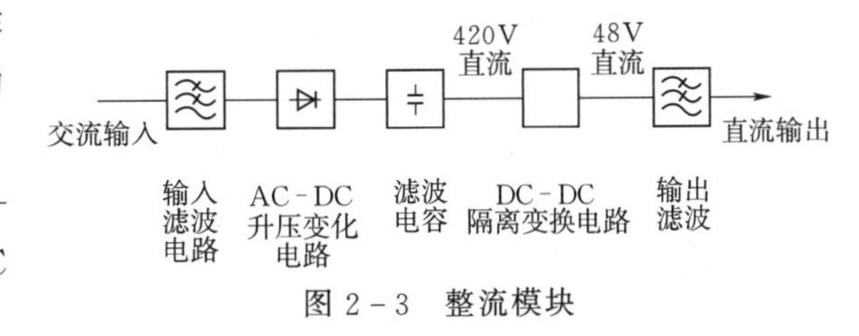

图2-3　整流模块

整流模块主要由输入滤波电路、AC-DC升压变换电路、滤波电容、DC-DC隔离变换电路、输出滤波电路组成。

(1) 输入滤波电路主要由低通滤波、浪涌抑制等电路组成。其主要功能是将输入的电网交流中存在的尖峰等杂波过滤，给整流模块提供质量较高的交流电，同时也阻碍整流模块产生的杂波反馈到公共电网中。

(2) AC-DC升压变换电路通过整流电路将交流电变换成直流电，同时通过PFC（功率因数校正）消除整流电路引起的谐波电流，防止其污染电网，减小无功损耗来提升功率因数。PFC电路分为无源功率因数校正和有源功率因数校正。无源功率因数校正电路效率低，而且不稳定，并且整体电路体积较大；有源功率因数校正电路具有效率高、体积小等优点，目前大多数电源厂家采用有源功率因数校正电路。

(3) 滤波电容将整流后的直流电变为较平滑的直流电。

(4) DC-DC隔离变换电路是开关电路的核心部分，主要完成前一级420V直流输出高压的高频转换功能。功率变换器首先将高压直流电转变为高频交流脉冲电压或脉动直流电，再经高频变换器降压成所需要的直流电。在一定范围内，频率越高，体积重量与输出功率之比越小。但频率最终将受到元器件、干扰、功耗以及成本的限制。

(5) 输出滤波电路由高频整流滤波及抗电磁干扰等电路组成，提供稳定可靠的直流电源。输出滤波电路主要作用是衰减DC-DC隔离变换电路输出电压中的高频分量，降低输出纹波电压，从而满足通信和其他电设备对直流电源的要求。

3. 直流配电单元

直流配电单元的主要功能是完成对直流的电源分配，部分直流配电单元还带有电压、电流监测和开关跳闸告警功能，并能够将以上信息上传至监控模块。直流负载从直流配电单元获取电源，用户可以根据自己的负载容量选择相应的直流开关。

4. 蓄电池组

-48V高频开关电源系统的蓄电池组作为后备电源，交流输入正常供电时，通信电源系统由整流模块向直流配电单元和蓄电池组供电。当多个交流输入出现故障或失电时，则由蓄电池组向直流配电单元供电，以保证用电设备正常工作。

5. 监控模块

监控模块是通信电源系统管理单元，主要实现对通信电源系统的运行信息查询、参数设置、模块控制、告警处理、电池管理和信息远传通信等功能。常见的通信电源系统监控模块主要采用 RS485 或 RS232 等串口通信传输信息。监控模块通过 RS485 总线，可以对整流模块、蓄电池组进行参数检测与控制，控制液晶显示并与远端监控中心进行通信，实现远程监控功能，及时发现故障和告警。

二、通信用 UPS 电源系统

通信用 UPS 电源系统由 UPS 主机、交流输出配电单元、蓄电池组等设备组成。其中，UPS 主机由整流器、逆变器、静态旁路开关、手动检修旁路开关、监控单元等组成。

当配置单套 UPS 电源时，典型接线方式如图 2-4 所示，两路来自不同母线的交流电源输入，经自动切换装置（ATS）切换后用作 UPS 主机逆变器的交流输入，同时再分一路交流输入 UPS 电源的旁路开关。

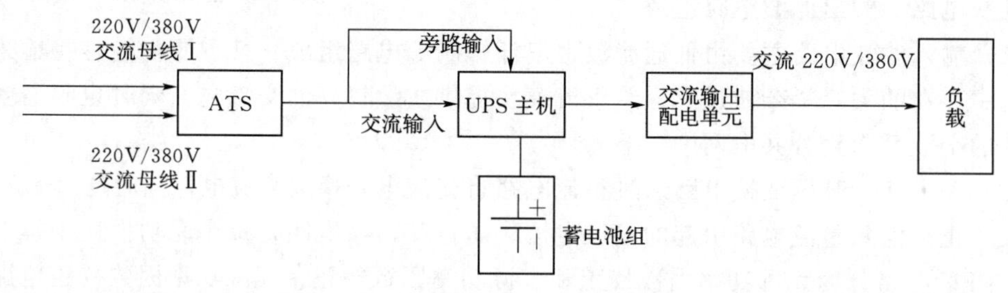

图 2-4　单套 UPS 电源、典型接线方式

当配置两套 UPS 电源时，则采用双机双母线接线方式，典型接线方式如图 2-5 所示。每台 UPS 主机的交流输入及旁路输入电源宜为两路来自不同变压器的交流电源经 ATS 切换后交叉提供。每台 UPS 主机的输出分别接于独立的母线段。

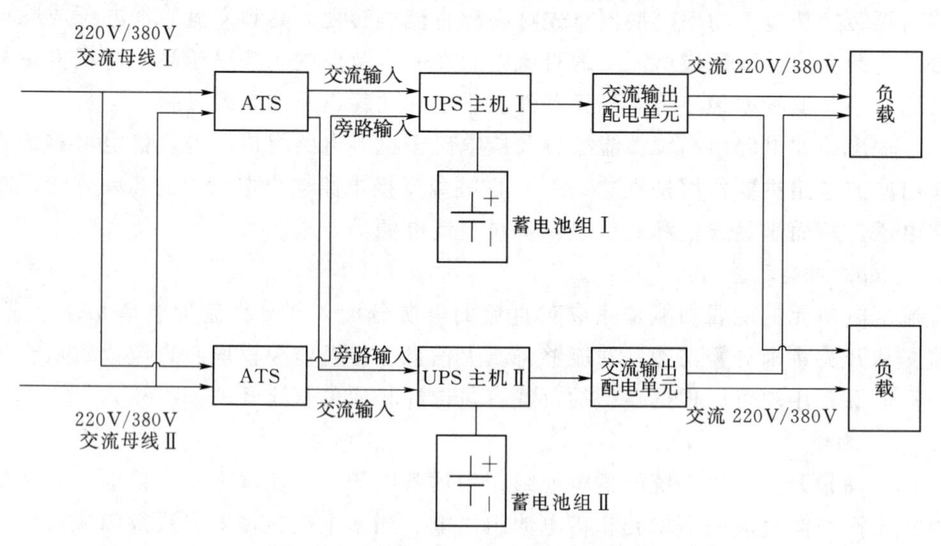

图 2-5　两套 UPS 电源典型接线方式

正常运行时，两套 UPS 电源采用双机双母线运行方式。交流电源经过 UPS 主机整流、逆变后通过交流母线向负载供电，两套 UPS 电源应遵循负载均分、三相平衡的原则。当交流市电失电时，由蓄电池组通过 UPS 主机逆变后向负载供电。

三、通信蓄电池

通信用蓄电池应采用阀控式密封铅酸蓄电池。根据变电站通信设备需求，每节单体电池电压有2V、6V、12V三种规格，其电压偏差值的规定见表2-1。2V电池具有寿命长、可靠性高的特点，广泛使用于枢纽大站，而对于小型变电站，根据安装要求，可采用其他两种规格的电池。

表2-1　阀控式蓄电池电压偏差值的规定　单位：V

阀控式密封铅酸蓄电池	标称电压		
	2	6	12
浮充状态（进入浮充状态24h后）的电压偏差值	±0.05	±0.5	±0.3
开路电压最大、最小电压差值	0.03	0.04	0.06

通信电源系统的蓄电池组一般由两组蓄电池组成，通常情况下每组由24支2V蓄电池组成，蓄电池组作为后备电源，交流输入正常供电时，通信电源系统由整流模块向直流配电单元和蓄电池组供电。当多个交流输入出现故障或失电时，则由蓄电池组向直流配电单元供电，以保证用电设备正常工作。

蓄电池组主要有浮充、均充、全充全放等几种工作状态。正常运行中，蓄电池组处于浮充运行状态，且浮充电压值宜控制在－54.72～－53.52V；均充电压值宜控制在－56.40～－55.20V。

环境温度25℃时，蓄电池浮充电压和均充电压按表2-2中电压值选取。

表2-2　浮充电压和均充电压　单位：V

标称电压	浮充电压	均充电压
2	2.23～2.28	2.30～2.35
6	(2.23～2.28)×3	(2.30～2.35)×3
12	(2.23～2.28)×6	(2.30～2.35)×6

均充采用恒流充电，充电快，持续时间短，不仅可防止蓄电池自放电，而且可增加充电深度。蓄电池组定期活化充电时处于均充状态，浮充采用恒压充电，持续时间长，充电慢，定期均充能延长蓄电池组的寿命，保证容量；当定期检查蓄电池或新蓄电池投运时，运维人员需使蓄电池组处于全充全放状态，即先使用放电仪进行放电，再对蓄电池组进行充电。

四、通信电源监控

各级调度大楼、重要独立通信站、220kV及以上具备独立通信机房的变电站、发电厂的通信电源系统状态及告警信息应接到有人值班的地方或接入通信综合检测系统。监控对象为机房（蓄电池室）环境、高频开关电源系统、通信用UPS电源系统等，表2-3中列出了详细的监控内容。

监控模块是通信电源系统管理单元，主要实现对通信电源系统的运行信息查询、参数设置、模块控制、告警处理、电池管理和信息远传通信等功能。

表 2-3　　通信电源监控内容

监控对象	监控内容	
机房（蓄电池室）环境	遥测	温度，湿度
	遥信	烟感，水浸，门禁，空调运行等
	遥视	可根据需要设置遥视
高频开关电源系统	遥测	交流输入电压、电流，直流母线电压，负载总电流，模块电流，蓄电池组电压、电流，蓄电池单体电压等
	遥信	交流输入过压/欠压/失压，缺相，高频开关电整流模块故障，过热，负载/电池分断状态等
	遥控	蓄电池充放电参数调整，充电装置的均、浮充转换控制等
UPS电源系统	遥测	交流输入电压、频率、相位，输出电压、电流、相位，旁路电压、频率，功率、功率因数，直流母线电压，蓄电池电压、电流等
	遥信	交流输入过压/欠压/失压，缺相，UPS 电源系统各断路器，设备故障，过热，负载/电池分断状态等

常见的通信电源系统监控模块主要采用 RS485 或 RS232 等串口通信传输信息。监控模块通过 RS485 总线可以对整流模块、蓄电池组进行参数检测与控制，控制液晶显示和与远端监控中心进行通信，实现远程监控功能，及时发现故障并告警。

五、一体化电源系统

随着电力系统的发展，目前新建的 220kV 和 110kV 变电站大量采用一体化电源，通信系统的电源已不再配置独立的蓄电池组，而是共享变电站操作电源的蓄电池组，将变电站的通信电源与操作电源合为一体形成一体化电源。图 2-6 为一体化电源系统框图。

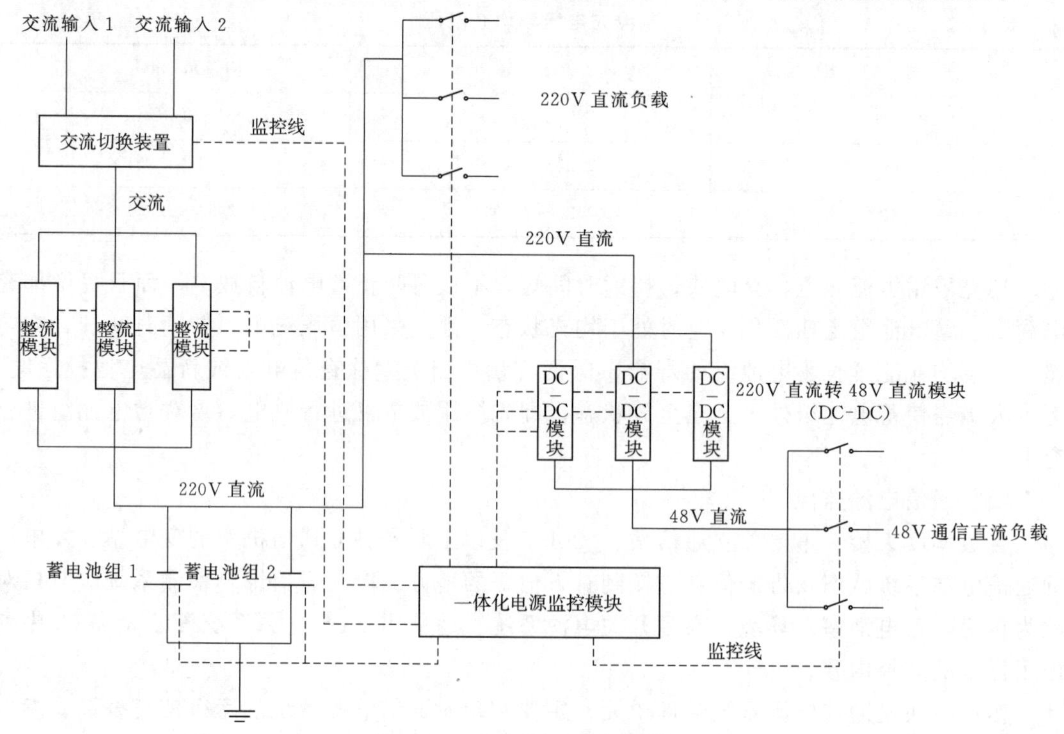

图 2-6　一体化电源系统框图

由图2-6可知，其主要工作原理如下：两路交流输入进入交流切换装置后，到整流模块通过整流后变为220V直流，然后到220V直流母线。220V直流母线有三组输出，一组输出向蓄电池组1和蓄电池组2充电，另一组到220V直流配电单元为变电站的220V直流操作负载供电，还有一组向220V直流转48V直流模块供电（DC-DC），通过DC-DC模块后变为48V直流向变电站的通信设备提供48V的直流电。交流失电时，由蓄电池组向负载供电。

第二节　通信电源运维

一、通信运维界面

当通信站配备了高频开关电源系统时，其运维界面如图2-7（a）所示，通信运维部门负责维护交流低压屏至高频开关电源系统之间的线缆及高频开关电源系统；站内电源运维部门负责维护交流低压屏及其交流输入。

当通信站配备了通信用UPS或交流配电屏时，以站用交流低压屏的输出端为维护界面，如图2-7（b）所示。通信运维部门负责维护交流低压屏至高频开关电源系统之间的线缆及高频开关电源系统；站内电源运维部门负责维护交流低压屏及其交流输入。

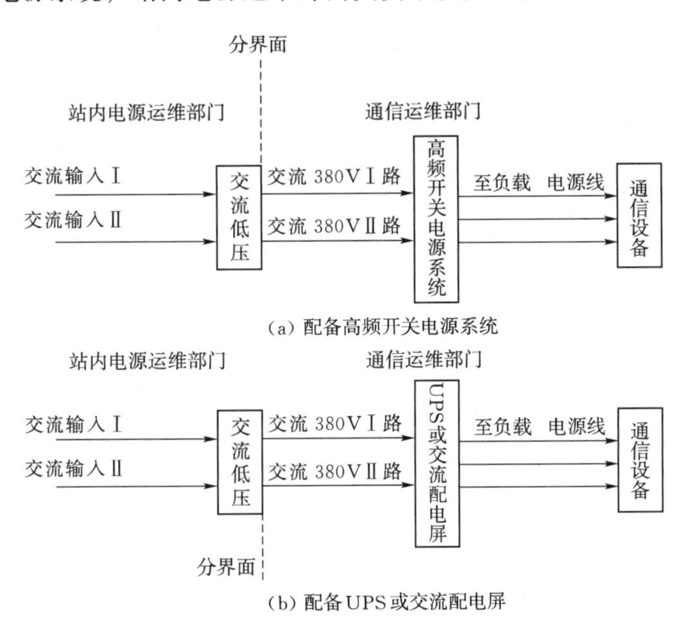

图2-7　通信专用电源运维界面示意图

48V高频开关电源为继电保护设备供电时，其运行维护界面如图2-8所示，通信运维部门负责维护通信48V高频开关电源系统；继电保护设备运维部门负责维护继电保护设备至通信专用电源系统之间的线缆。

二、通信运维日常巡视

1. 日常巡视项目

通信运维日常巡视是指调度大楼通信站的每日巡视以及变电站内的通信电源日常巡

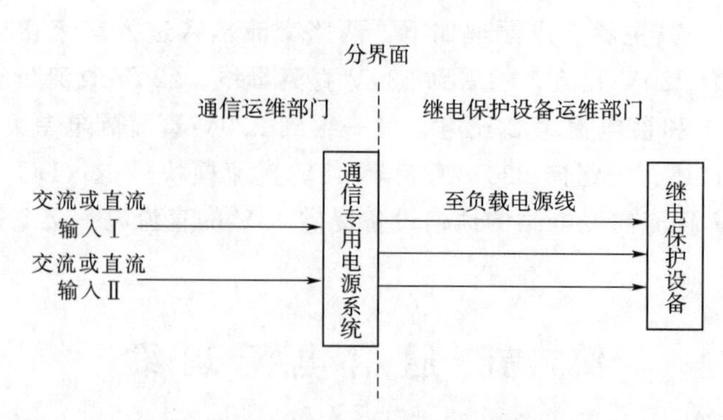

图 2-8　通信专用电源为继电保护设备供电的运行维护界面

视，即通信运维人员进入机房工作期间，按照标准化巡视作业，发现通信电源有无异常的工作方式。通信运维日常巡视主要包含以下巡视项目：机房环境、48V 高频开关电源屏、交/直流配电屏、通信用 UPS 电源、通信蓄电池、通信电源监控，其具体巡视内容和巡视方法见表 2-4。

表 2-4　　通信电源日常巡视

巡视项目	巡视内容	巡视方法
机房环境	电力机房温度 10～28℃，相对湿度 30%～80%；蓄电池机房温度 10～30℃，相对湿度 20%～80%	查看温湿度计
	对粉尘易于堆积（墙角、机柜顶部等）的地方进行检查	目测
	蓄电池室通风、照明及消防设备是否完好	目测
	检查机房及蓄电池室无易燃、易爆物品	目测
	空调、整流模块风扇运行无异常声音；变压器、滤波器无异常声音；噪声符合指标（50dB）	声级计
48V 高频开关电源屏	检查设备当前有无异常告警	查询监控单元
	检查各个整流模块的电流是否均分，均流不平衡度应满足低于 5%。当出现模块之间输出电流分配不均衡时，可以通过监控单元或模块面板上的电压调节电位器，将输出电流较大的模块输出电压调低至电流均衡，或将输出电流较小的模块电压调高至均衡	查询监控单元
	模块电压、母排电压、监控单元显示各输出电压之间偏差小于 0.2V；模块显示电流、充电电流、负载总电流代数和不大于 0.5A	查询监控单元
	用万用表、直流钳形表测量交流输入电压、直流输出电压、直流输出电流等，并与监控单元、表计显示核对，误差不超过 0.5%（直流）、1.0%（交流）	仪表检测
	整流模块的表面、进出风口、风扇及过滤网是否堵塞	清洁
	检查各种断路器、熔断器插接件、接线端子等部位是否接触良好，无松动、电蚀现象	目测
	检查高频开关电源屏的保护接地至机房环形接地铜排的接线是否可靠	目测
	检查馈电母线、电缆及软连接线等应连接可靠，线缆应无老化、刮伤、破损等现象	目测
	检查设备标识是否清晰，标识无脱落	目测

续表

巡视项目	巡　视　内　容	巡视方法
交/直流配电屏	检测承载负荷的各断路器是否在投运状态	目测
	用万用表、直流钳形表测量交/直流电压、电流与监控和表计的显示是否一致，误差不超过0.5%（直流）、1.0%（交流）	仪表检测
	检查防雷器件表面是否平整，光洁，无划伤，无裂痕和烧灼痕或变形，状态指示是否正常	目测
	检查交/直流配电屏的保护地接至机房环形接地铜排的接线是否可靠	目测
通信用UPS电源	检查设备标识是否清晰，标识无脱落	目测
	检查设备当前有无异常告警	查询监控单元
	检查UPS电源运行有无异常噪声	目测
	检查UPS电源处于正常工作运行方式，整流器、逆变器投入运行；均充、浮充工作时的参数设置，设定值应与运维资料相符	查询监控单元
	用万用表、直流钳形表测量交/直流电压、电流与监控和表计的显示是否一致，误差不超过0.5%（直流）、1.0%（交流）	仪表检测
	UPS主机进出风口、风扇及过滤网或通风栅格积尘	清洁
	检查防雷器件表面是否平整，光洁，无划伤，无裂痕和烧灼痕或变形，状态指示是否正常	目测
	检查各种断路器、熔断器插接件、接线端子等部位是否接触良好，无松动、无电蚀	目测
	检查UPS主机保护地至机房环形接地铜排的接线是否可靠	目测
	检查馈电母线、电缆及软连接线等应连接可靠，线缆应无老化、刮伤、破损等现象	目测
通信蓄电池	整组蓄电池电压检测精度不低于标称值的±0.5%，单节蓄电池电压检测精度不低于标称值的±0.2%	仪表检测
	蓄电池外壳无鼓胀变形、裂纹或渗漏，极柱与安全阀周围无酸雾逸出	目测
	电池连接牢固；充放电电缆护层无老化、龟裂现象；均衡充电时电缆无明显发热	目测
	检查蓄电池柜/架的保护接地至蓄电池室环形接地铜排的接线是否可靠	目测
	检查蓄电池组编号及极性标志是否正确且清晰；电缆标识是否清晰，标识无脱落	目测
通信电源监控	检查监控采集设备运行指示灯是否正常，是否有告警	目测
	检查蓄电池各采集点接触是否可靠	目测
	检查各个监控采集设备的电源、接地、信号等接点是否可靠	目测
	检查设备接地是否连接牢固可靠	目测

2. 重点巡查项目

（1）整流模块单元的巡查。首先查看整流模块单元告警指示灯所显示有无告警，初步判断电源运行情况。然后通过电源监控模块详细查看通信电源的运行状态，需要重点查看的有交流电源的输入电压、电流、直流输出电压、电流，监控模块的告警信息显示等。通过查看这些参数判断电源设备运行有无异常情况，特别要注意单个站点安装了两套通信电源系统的直流输出电压和电流是否平衡，站点通信总电流与上次巡查时是否有变化，以判断设备供电是否异常，三相交流负载是否平衡。

（2）直流配电单元的巡查。查看配电开关有无跳闸情况，直流配电单元有电压和电流监测显示屏的，可查看电压和电流值是否正常。

(3) 单支蓄电池电压测试。用万用表测量单支蓄电池电压，并计算平均电压。若某一只或几只单体电压与整组平均电压相差±0.05V时，则需对蓄电池进行修复或更换。

三、通信运维定期试验

(一) 定期试验项目

通信运维定期试验是指通信人员每年对通信电源系统的重要工作模块进行定期试验，查看通信电源有无异常的工作方式。通信运维定期试验主要包含以下试验项目：48V高频开关电源屏、交/直流配电屏、通信用UPS电源、通信蓄电池，其具体试验内容、方法和周期见表2-5。

表2-5　定期试验项目

<table>
<tr><th>定期试验项目</th><th>试验内容</th><th>定期试验方法</th><th>周期</th></tr>
<tr><td rowspan="3">48V高频开关电源屏</td><td>操作交流输入开关通/断，进行充电装置交流输入切换试验，两路交流输入应能正常切换</td><td>手动操作</td><td>每季</td></tr>
<tr><td>使用防雷元件测试仪测量防雷器件的U_{1mA}和$0.75U_{1mA}$下泄露电流及残压</td><td>仪表检测</td><td>每年</td></tr>
<tr><td>使用接地电阻测试仪测量高频开关电源屏的工作地和保护接地至机房环形接地铜排的连接电阻，高频开关电源屏与接地铜排之间的连接电阻值不大于0.1Ω</td><td>仪表检测</td><td>每年</td></tr>
<tr><td rowspan="3">交/直流配电屏</td><td>对交/直流电源负载分配图与现场负载进行校核，保持一致</td><td>核对、记录</td><td>专项检查</td></tr>
<tr><td>使用防雷元件测试仪测量防雷器件的U_{1mA}和$0.75U_{1mA}$下泄露电流及残压</td><td>仪表检测</td><td>每年</td></tr>
<tr><td>使用接地电阻测试仪测量高频开关电源屏的工作地和保护接地至机房环形接地铜排的连接电阻，配电屏与接地铜排之间的连接电阻值不大于0.1Ω</td><td>仪表检测</td><td>每年</td></tr>
<tr><td rowspan="3">通信用UPS电源</td><td>操作输入开关通/断，进行一次充电装置交流输入切换试验，两路交流输入应能正常切换</td><td>手动操作</td><td>每季度</td></tr>
<tr><td>操作逆变器开关，一次旁路切换试验，当退出交/直流电源时，UPS电源应自动切换至旁路电源供电，切换时间应与出厂验收指标一致</td><td>手动操作</td><td>每年</td></tr>
<tr><td>使用接地电阻测试仪测量UPS主机的工作地接和保护接地至机房环形接地铜排的连接电阻，UPS与接地铜排之间的连接电阻值不大于0.1Ω</td><td>仪表检测</td><td>每年</td></tr>
<tr><td rowspan="4">通信蓄电池</td><td>用万用表测量蓄电池组电压及单体蓄电池电压（精确到mV级）。蓄电池单体电压在浮充状态下偏差值满足低于±0.05V</td><td>仪表检测</td><td>每季度</td></tr>
<tr><td>新安装的阀控蓄电池组，使用蓄电池放电仪进行全核对性放电试验</td><td>仪表检测</td><td>投运前</td></tr>
<tr><td>使用蓄电池放电仪进行核对性放电试验</td><td>仪表检测</td><td>每隔2年</td></tr>
<tr><td>运行年限超过4年的阀控蓄电池，使用蓄电池放电仪进行核对性放电试验</td><td>仪表检测</td><td>每年</td></tr>
</table>

（二）重点定期试验

1. 交流切换试验

交流切换试验可以测试双电源切换装置的切换功能是否正常，以避免某一路交流电源发生故障时，切换装置不工作或误动作造成蓄电池长时间放电，从而使设备断电。

根据输入两路交流电源是否分主备用方式，可以将交流切换装置配置为主从模式和无主从模式两种：①主从模式将两路交流电源中的其中一路设为主用电源，当主用电源故障时，自动切换到备用电源供电，当主用电源故障消除恢复供电时，系统又自动切换到主用电源供电；②无主从模式，当一路交流电源故障时，自动切换到另一路交流电源，当原先一路电源恢复后，系统继续使用当前这路电源而不切回至先前那一路电源。

【测试步骤】

（1）断开第一路交流输入电源，观察切换装置工作状态。

（2）闭合第一路交流输入电源，观察切换装置工作状态。

（3）断开第二路交流输入电源，观察切换装置工作状态。

（4）闭合第二路交流输入电源，观察切换装置工作状态。

【测试分析】

（1）当系统为主从模式时，断开第一路交流输入电源，系统变自动切换至第二路交流输入电源，当闭合第一路交流输入电源时，系统再自动切换至第一路交流输入电源。

（2）当系统为无主从模式时，断开第一路交流输入电源，系统变自动切换至第二路交流输入电源；闭合第一路交流输入电源，系统不再自动切换至第一路交流输入电源；断开第二路交流输入电源，系统自动切换至第一路交流输入电源。

【注意事项】

（1）切换试验前，必须测试两路交流电源电压正常，确保两路交流电源回路均带电。严防切换试验过程中发生长时间失电的故障。

（2）切换试验过程中应密切观察设备运行情况，严防切换过程中的过电压损坏运行设备。

（3）变电站切换站用电源时应派遣专人进行现场巡视，观察电源设备切换装置是否正常动作。

2. 蓄电池组放电试验

电力系统常用的通信蓄电池为阀控式铅酸蓄电池，根据《电力系统用蓄电池直流电源装置运行与维护技术规程》（DL/T 724—2000）需要定期对蓄电池进行核对性放电试验，并在放电过程中监测电池的端电压、温度以及放电电流，分析电池的容量大小和单体性能优劣，排查性能差的单体电池。

新安装的阀控蓄电池组，应进行全核对性试验，以后每隔 2～3 年进行一次核对性放电试验，运行年限超过 6 年的阀控蓄电池组，应每年进行一次核对性放电试验。

目前，国网公司变电新建工程典型设计规定了 110kV 及以下变电站电源设备为单套配置，进行核对性放电时不应退出运行，也不能进行全核对性放电，只允许用 I_{10} 电流放出其额定容量的 50%，在放电过程中，蓄电池组的端电压不应低于 $2N$ V，放电后，应立即用I_{10}电流进行限压充电—恒压充电—浮充电。反复充分2～3次，蓄电池容量可以得到恢复。

在无备用蓄电池组投入的情况下实施全核对性放电容易发生因交流电源失电而导致运行设备停运的事故。全核对性放电必须在有备用蓄电池组替换的情况下才能进行。

【全核对性放电测试步骤】

(1) 先根据蓄电池使用规程要求对被测电池组进行均充。

(2) 将被测的电池组脱离电源系统。

(3) 电池组接入放电仪，电池的极性标记（“+”和“−”）和放电仪的标记正确对应。

(4) 连接每块蓄电池的电压采集线，根据要求及线上序号一一连接。

(5) 根据蓄电池的容量及要求，设置放电电流、放电容量、放电终止电压以及放电时间等参数。

(6) 启动自动放电按钮，系统自动记录放电数据。

(7) 放电时工作人员应在旁监护，直到放电结束。

【测试分析】

放电试验结束后，根据放电仪记录的放电数据便可直接得出蓄电池组的容量、每块电池容量、内阻等。

【注意事项】

(1) 进行被测电池组脱离电源系统时，需先检查是否有备用蓄电池组，确保通信设备由备用蓄电池供电的情况下，才能将被测的电池组脱离电源系统。

(2) 由电脑控制放电仪进行放电时，其放电精度更高。例如蓄电池容量为200A·h，若仅在放电仪上设置为10h、20A电流放电，最后结束时放电容量达不到200A·h；若用电脑控制放电，则基本都能使放电容量达到200A·h。

3. 蓄电池组充电试验

蓄电池放电试验后，需要对蓄电池再次充电，充电一般不需要额外的专用充电设备而直接与电源系统连接进行充电。

按照电池使用规定，定期对蓄电池进行核对性放电试验后需要对蓄电池进行充电，并在充电过程中监测电池的端电压、温度以及充电电流等，当蓄电池充满电后自动转为浮充状态。

【测试步骤】

(1) 根据蓄电池容量及要求设置充电参数和均浮充转换条件。

充电参数设置：浮充电压按照每单体2.23～2.28V设置；均充电压按照每单体2.30～2.35V设置；最大充电电流按照电池容量的0.1C设置。各个厂商的蓄电池充电参数略有差异，设置充电参数前应仔细阅读说明书。

均浮充转换条件：均充时间最大为10h，超过后自动转浮充；充电电流小于0.01C后继续均充2h后自动转浮充。

(2) 记录各单体蓄电池的充电电压、电池温度等。

(3) 充电时工作人员应在旁监护，直到充电结束。

【测试分析】

给电池充电时，记录蓄电池充电电压和充电电流以及各单体蓄电池的充电电压、电池温度等，如发现某单体蓄电池温度异常升高，应立即停止充电。

【注意事项】

(1) 监控模块中基本参数都已经设置，在进行蓄电池充电时，将模块工作状态设置为均充，并且需要设置下次均充时间。

(2) 蓄电池放电结束的操作中，必须牢记操作顺序：先断开母联开关，再合蓄电池熔断器。否则，会造成蓄电池对蓄电池充电，如果是500A·h的蓄电池，充电电流会达到200A，是绝对不允许的，也是非常危险的，所以在操作时要特别注意。

第三节　常见故障分析处理

一、双电源切换故障

【故障现象】

设备无交流输出，屏柜交流运行灯不亮；整流模块无状态指示；在监控模块上显示告警信息；有交流故障、整流模块通信中断等。

【故障原因】

(1) 交流电源输入电压越限故障。

(2) 监控模块故障。

(3) 交流切换控制输出故障和交流接触器故障。

【处理步骤】

(1) 检查交流输入。检查交流输入电压是否在正常范围之内，在交流接触器能够正常工作情况下，三相交流输入电源工作电压应为380(1±15%)V。现场实际测量交流电源线电压范围应为323～437V，如果超过这个范围，首先排查交流输入回路，特别是电压低的情况下，可能是交流输入前端引入电缆有问题。

(2) 检查监控模块实时电压。若该电压值与实际交流电压不一致，则可能是交流变送器故障或者通信回路故障。出现电压不一致时，先更换交流变送器，若电压变为一致，则为交流变送器故障；反之，则为通信回路故障，此时应检查变送器通信回路电缆连接线。

(3) 检查交流切换控制输出。对于主备控制的双电源切换装置，检查主用控制继电器是否故障；对于用监控模块控制选择的主备用方式，检查控制输出模块时可检查模块输出电源和输出是否正常。模块输出控制干簧继电器问题也可能导致交流接触器不能切换的现象。

(4) 检查交流接触器。检查交流接触器线圈有无开路，是否动作灵活。

二、防雷器故障

【故障现象】

监控模块告警信息显示“防雷器故障”告警，防雷器指示窗口亮红灯。

【故障原因】

(1) 防雷器空开处于断开位置。

（2）防雷器压敏电阻压敏电阻与气体放电管失效。

（3）防雷片与底座接触不良。

【处理步骤】

（1）检查防雷空开。正常情况下防雷空开应合上。

（2）检查压敏电阻和气体放电管。正常情况下压敏电阻和气体放电管应与插座接触良好，指示窗由绿变红或外观异常时则应及时更换压敏电阻和气体放电管。

（3）检查防雷片和底座。紧固防雷片与底座的连接，保证其接触良好。

三、整流模块故障

【故障现象】

监控模块实时数据显示整流模块电压正常，告警信息中无告警，但是发现整流模块输出电流为0，其他整流模块输出电流正常。

【故障原因】

（1）直流模块损坏，功率变换元件击穿导致交流输入回路短路，进而使模块内熔断器熔断，模块停止工作。除尘工作不到位容易发生此类故障。

（2）监控模块内对整流模块参数设置不正确，造成监控模块对整流模块失去控制。

（3）整流模块直流输出电压检测故障，造成直流输出电压偏低；此类故障多数是因整流模块运行时间过长，直流输出回路的滤波电容无容量导致。根据运行经验，滤波电容运行3年后，其容量将下降至额定值的40％。

（4）整流模块输出部分电路故障。

【处理步骤】

出现该故障一般都是在查看监控模块实时数据时发现，因此重点检查整流模块参数设置，且该故障检查应在有负载电流输出的情况下进行。

（1）检查监控模块参数设置。检查监控模块参数里对应的整流模块是不是设置为“停运”，如果设置为“停运”，可在设置菜单内将模块设置为“在线”。

（2）检查整流模块带负载能力。在保证蓄电池组容量正常情况下，观察其他整流模块的负载情况，适当关掉其他一些整流模块，甚至只留下无电流输出的整流模块工作，查看该整流模块是否有直流电流输出。若有电流输出，测量输出电压，如输出电压正常，有可能是模块均流控制问题；如输出电压偏低，专业维护人员可以打开整流模块，调节电压调整电位器，使整流模块输出电压恢复到正常范围，无法解决的返厂维修或者更换该整流模块。

（3）检查整流模块是否有元器件损坏。功率变换元件击穿通常会伴随异味，在整流模块散热孔处很容易闻到。整流模块内熔断器熔断会导致热敏电流元件爆裂，通过散热孔能够看见电弧烧焦的痕迹。所以，当整流模块停止输出时，应该取出整流模块进行仔细观察，看是否有异味，是否有短路烧焦的元器件等。

（4）判断整流模块是否故障。将无电流输出的整流模块换至有电流输出的整流模块位置，若无电流输出，则判定结果为整流模块故障。将正常的整流模块换到无电流输出的整流模块位置，若无电流输出，则判断模块输出插座问题，更换整流模块安装位置。

第三章　通信光缆施工架设及故障处理

通信光缆（Communication Optical Fiber Cable）是由若干根（芯）光纤（一般从几芯到几千芯）构成的缆芯和外护层所组成。光纤与传统的对称铜回路及同轴铜回路相比较，具有传输容量大、衰耗少、传输距离长、体积小、重量轻、无电磁干扰、成本低的显著优势，是当前最有前景的通信传输媒体。它正广泛地用于电信、电力、广播等各部门的信号传输上，将逐步成为未来通信网络的主体。光缆在结构上与电缆的主要区别是光缆必须有加强构件去承受外界的机械负荷，以保护光纤免受各种外机械力的影响。

第一节　通信光缆的结构及分类

一、光缆的基本结构

1. 光缆的组成

光缆的基本结构是由缆芯、加强元件、护层组成的。

（1）缆芯。由于光缆主要靠纤芯来完成传输信息任务，因此缆芯是由多根纤芯线经二次涂覆处理后组成。

（2）加强元件。为了使光缆便于承受敷设安装时所受的外力，在光缆的中心或四周要加一根或多根加强元件。加强元件的材料可用钢丝或非金属的合成纤维（增强塑料）制成。

（3）护层。光缆的护层主要对已构成缆的光纤芯线起保护作用，避免受外部机械力和环境损坏。因此要求护层具有耐压力、防潮湿度特性好、重量轻、耐化学侵蚀、阻燃等特点。

光缆的护层可分为内护层和外护层。内护层一般采用聚乙烯或聚氯乙烯等；外护层可根据敷设条件而定，可采用铝带和聚乙烯组成的LAP外护套加钢丝铠装等。

2. 光缆的形式

通信光缆主要有四种基本结构形式。

（1）中心束管式光缆。它是把光纤或光纤单元放入大套管中，加强件配置在套管周围而构成的一种结构，如图3-1（a）所示。它相当于把松套管扩大为整个缆芯，成为一个管腔，光纤集中松放在其中。中心束管式结构在光纤保护上有不少优点。由于套管内填充有油膏，改善了光纤在光缆内受压、手拉、弯曲时的受力状态，每根光纤都有很大的活动空间，同时加强元件相应地由缆芯中央移到缆芯外部的保护层中，缆芯可以做得较细，这种结构的加强件同时起作护套的部分作用，可以达到一材两用的设计目的，并有利于减轻光缆的重量。

（2）层绞式光缆。层绞式光缆是将多个松套管结构光纤单元按一定顺序分层绞合在一起的一种结构（类似于常用电缆制作），如图3-1（b）所示。采用松套管结构光纤的缆芯可以增强抗拉强度，改善温度特性。一个松套管就是一个单元，松套管内有多根光纤(2～6芯)。生产时可根据用户所需纤芯增加（减少）松套管数量，当需要光纤数量较少时，松套管位置可用填充绳取代，生产流程及工艺不作改动，生产成本低。层绞式光缆具有结构稳定、生产工艺简单和纤芯增减灵活的特点，但是由于层绞式光缆结构上的原因，在日常运维工作中用OTDR测试纤芯的长度通常会大于光缆实际长度，在光缆故障定位时应考虑该因素造成的影响。

（3）骨架式光缆。这种结构是将单根或多根光纤放入骨架的螺旋槽内，如图3-1（c）所示，骨架的中心是加强元件，骨架上的沟槽可以是V形、U形或凹形。由于光纤在骨架沟槽内具有较大空间，因此，当光纤受到张力时，可在槽内做一定的位移，从而减小了光纤芯线的应力应变和微变。这种光缆具有耐侧压、抗弯曲、抗拉的特点。

（4）带状式光缆。光纤带是黏合线性排列组合的光纤，每个光纤带可由2根、4根、6根、8根、10根、12根或24根光纤组成，如图3-1（d）所示。带状式光缆有利于制造容纳几百根光纤的高密度光缆，并广泛应用于接入网。

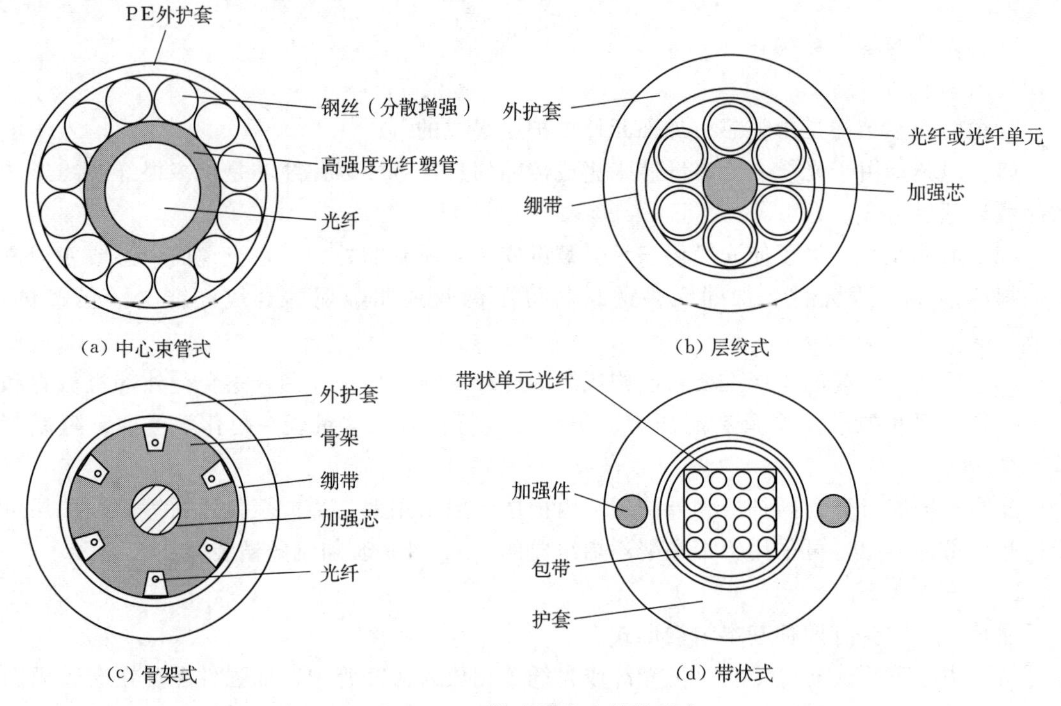

图3-1　通信光缆基本结构形式

二、电力光缆的种类

近年来，智能电网要求电力系统中辅以信息技术为支撑，实现电网的信息化、自动化和互动化的特征，因此应用于电力系统中兼顾电力传输和信息通信的各类复合缆和特种光缆——统称为电力系统特种光缆（简称电力光缆）应运而生。

电力光缆按敷设方式和应用场合可分为三种，即电力线附加型（Optical Attached Cable，OPAC）、杆塔添加型和电力线复合型。电力线附加型主要有地线缠绕光缆（GWWOP）和捆绑式光缆（ADL）；杆塔添加型主要有全介质自承式光缆（ADSS）和金属自承光缆（MASS）；电力线复合型通常是指在传统的电力线中复合光纤单元，实现传统通电或防雷功能的同时进行光纤通信，主要有光纤复合架空地线（OPGW）、光纤复合架空相线（OPPC）。

1. 电力线附加型光缆

电力线附加型光缆是GWWOP和ADL的统称。

（1）GWWOP是一种直接缠绕在架空地线上的光缆，它沿着输电线路以地线为中心轴螺旋缠绕在地线上，形成一种依附于输电线支承的光传输媒介，如图3-2（a）所示。

（2）ADL通过一条或两条抗风化的胶带、被覆芳纶线或金属线捆绑在地线或相线上。与GWWOP光缆相比，减少了光缆由于弯曲缠绕而引起的衰减偏大或应力增加。

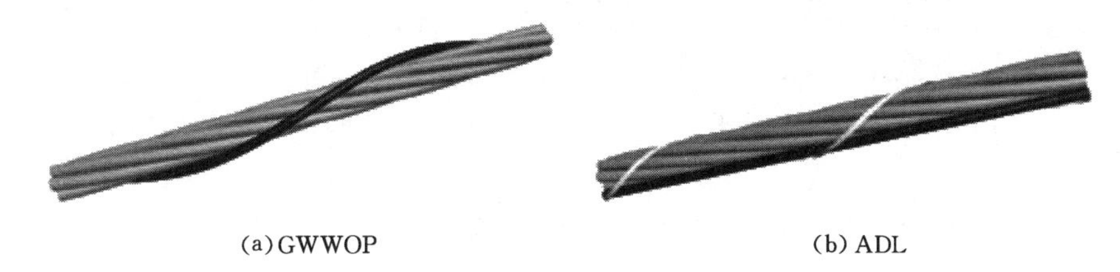

(a)GWWOP　　(b)ADL

图3-2　GWWOP和ADL

电力线附加型光缆一般用于35kV以下线路中，早在20世纪80年代初就已经开发并被电力部门所使用，是电力系统中建设光纤通信网络既经济又快捷的方式。他们不是自承式光缆，而是附加在原有地线或相线上的，因此该缆具有轻型柔软且外径小等优点。

这两类缆安装架设时需要特殊的器具，架设完后，光缆直接与电力线接触，所以都需要承受线路短路时相线或地线上产生的高温，都有外护套材料老化问题，因此虽然研究和应用早于ADSS，但是在国内没有大范围的应用。在线路设计时，还需电力线和杆塔强度覆冰和风载校验。

2. 杆塔添加型光缆

（1）ADSS。ADSS是一种利用现有的高压输电杆塔，与电力线同杆塔架设的特种光缆，具有工程造价低、施工方便、安全性高和易维护等优点。

全介质自承式光缆中抗张力加强元件采用非金属的芳纶纱和玻璃纤维增强塑料制成。芳纶纱弹性模量高、重量轻，具有负膨胀系数，伸缩率小。因此，其制成的光缆轻便（缆重仅为普通光缆的1/3），绝缘性能好，能避免雷击，可直接架挂在电力杆塔的适当位置上，最大档距可达1500m。它的外护套经过中性离子化浸渍处理，使光缆具有极强的抗电腐蚀能力，能保证光缆在强电场中的寿命。电力线出故障时，不会影响光缆的正常运行，利用现有电力杆塔，可以不停电施工，与电力线同杆塔架设，可降低工程造价。ADSS主要应用在强电场合，如电力铁路通信系统、跨江过河或复杂地形等大跨距场合。ADSS外观如图3-3所示。

（2）MASS。MASS为不锈钢管光纤单元结构，考虑MASS同ADSS一样与现有杆塔进行同杆架设，为减少对杆塔的额外负载，要求MASS结构小、重量轻。因此MASS结构采用中心管式，即不锈钢光纤单元外面绞合一层镀锌钢丝或铝包钢丝，通常从成本考虑，以镀锌钢丝为主。

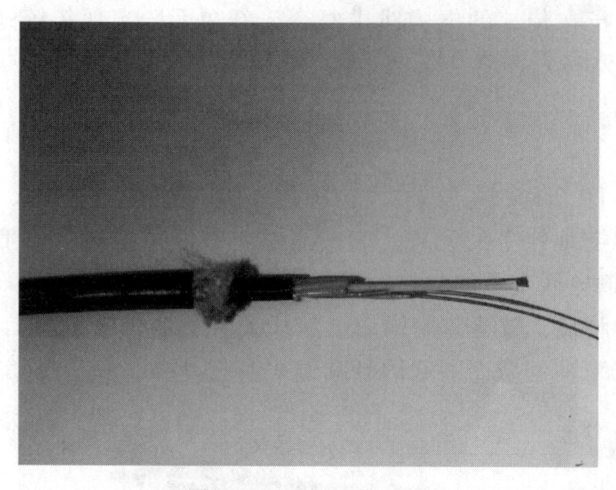

图 3-3　ADSS 外观图

MASS 在力学设计时与 ADSS 类似，同样需要进行档距—拉力—弧垂验算。但是在安装敷设时，应选择合适的悬挂点，一方面与电力线保持一定的安全距离；另一方面，因为 MASS 是金属结构，通过良好的接地处理和选择弱电场安装点，可以方便的解决电腐蚀问题。因为 MASS 是全金属结构，在一些鼠害猖狂的地区，它还可以作为有效的防鼠光缆架空应用。

3. 电力线复合型光缆

（1）OPGW。OPGW 又称为光纤架空地线，它具有传统地线防雷的功能，对输电导线抗雷电提供屏蔽保护的作用，同时通过复合在地线中的光纤来传输信息，在电力传输路的地线中含有供通信用的光纤单元。它具有两种功能：①作为输电线路的防雷线，对输电导线抗雷击放电提供屏蔽保护；②通过复合在地线中的光纤，作为传送光信号的介质，可以传送音频、视频、数据和各种控制信号，组建多路宽带通信网。OPGW 外观如图 3-4 所示。

OPGW 采用中心束管式，其主要特点有：

1）光缆铠装层有很好的机械强度特性，光纤能得到很好的保护（不受磨损、不受拉伸的应力、不受侧向压力），在根本上保证了光纤不受外力损害。

2）光缆铠装层有很好的抗雷击放电性能和短路电流过载能力，可直接作为架空地线安装在任意跨距的电力杆塔的地线挂点上，在雷电和短路电流过载的情况下，光纤仍可正常运行。

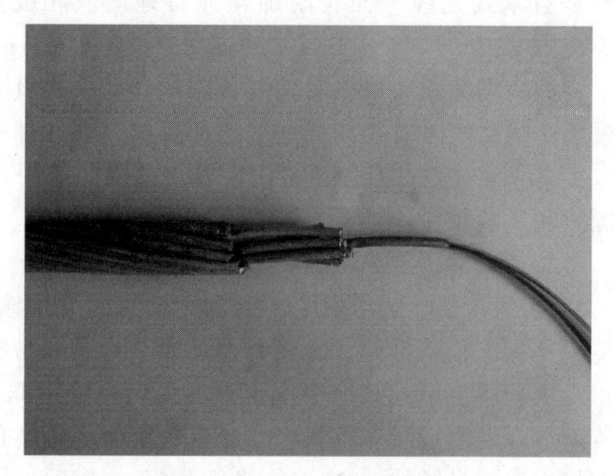

图 3-4　OPGW 外观图

3）OPGW 可直接替换原有高压线路的架空地线，不用更换原有塔头，与高压线路同步建设，可节省光缆施工费用，降低通信工程造价。

4）缆径小，不会给铁塔带来大的额外荷载。运行温度为－40～70℃。

OPGW 在新建线路中应用具有较高的性价比，在设计时，OPGW 的短路电流越大时，就需要用更多的铝截面积，则抗拉强度相应降低；而在抗拉强度一定的情况下，要提高短路电流容量，只有增大金属截面积，从而导致缆径和缆重增加，这样就对线路杆塔强度产生了不利影响。但是 OPGW 设计时，其电气性能（如直流电阻）和机械性能（如档距—张力—弧垂特性）应与另一根地线接近。

（2）OPPC。OPPC将光纤单元复合在相线中，具有相线和通信的双重功能，可用于新建电网线路中无架空地线却要通信的场合，主要有中心束管式和层绞式两种结构。

虽然OPPC结构与OPGW类似，但是在设计却有很大差异。首先，OPPC由于具有相线的功能，长期承载电力传送，应考虑长期运行温度对光纤传输性能和光纤寿命的影响；其次，OPPC的机械性能和电气性能应与相邻导线一致，如直流电阻或阻抗与相邻导线相似，以保证远端电压变化保持三相平衡；最后，OPPC安装在高压系统中，其安装的金具和附件（如耐张线夹、悬垂线夹和终端接头盒）需绝缘，线夹可用相应的绝缘耐张线串或绝缘悬垂串，光电绝缘、分离和连接则需要特殊的技术，对施工的要求也比较高。

第二节　光　缆　架　设

电力光缆的一般随一次电力线路架设，光缆路由和盘长由电力线路的走向和档距决定，绝大部分采用ADSS和OPGW，少量采用OPPC和普通光缆。ADSS和OPGW敷设过程主要分为三大部分：光缆运输、光缆放线和紧线、光缆接续和成端。

一、光缆运输

光缆运输主要包括光缆盘吊装、固定和存放。具体要求如下：

（1）缆盘必须竖直放置，不允许平放和堆放，并要有防移动的措施。

（2）光缆盘滚动应按标明的指示标志进行，但不得作长距离滚动。

（3）光缆装卸必须用吊车进行装卸，应轻吊轻放，以免损坏包装盘条，禁止将缆盘直接从运输机械上滚下或拖下。

（4）在运输过程中要用适当的吊车或叉车，吊装时要用合适的缆绳从缆盘轴孔中穿过；用叉车时，不允许与外层的光缆相碰。

（5）缆盘在运输过程中必须直立，缆头应固定好以免光缆松开，所有的盘条和保护装置要在光缆运抵施工现场后安装时方可拆除；运输前必须将缆盘稳妥固定，保证缆盘在运输中不会滚动和随意振动。

（6）光缆应避免遭受挤压、冲撞和其他任何机械损伤，防止受潮和长时间暴晒。

（7）若使用全木盘，在运输转移过程中和过程后，必须检查紧固钉是否需要重新整固。

（8）储运温度控制在－40～60℃，如果超出这个温度范围，交付使用前应进行复检。

（9）应选择平整、坚实的地面存放缆盘，并在缆盘的前后塞上木块或者砖块（注意不要抵碰光缆），防止缆盘滚动碰撞后受损，不得堆放。

二、光缆放线和紧线

（一）放线

1. 盘测

布放前必须对所有光缆进行单盘测试并保存好测试数据，如测试过程中发现有断芯衰耗超标的情况应及时提出并停止使用该盘光缆，布放ADSS必须使用放线凳或放线架。

2. 放线施工区布置

图3-5中，展放光缆的牵引、张力场地一般在耐张杆塔两侧。牵引、张力场应选择

合适的位置，应保证光缆进出口仰角小于30°，其水平偏角应小于7°。

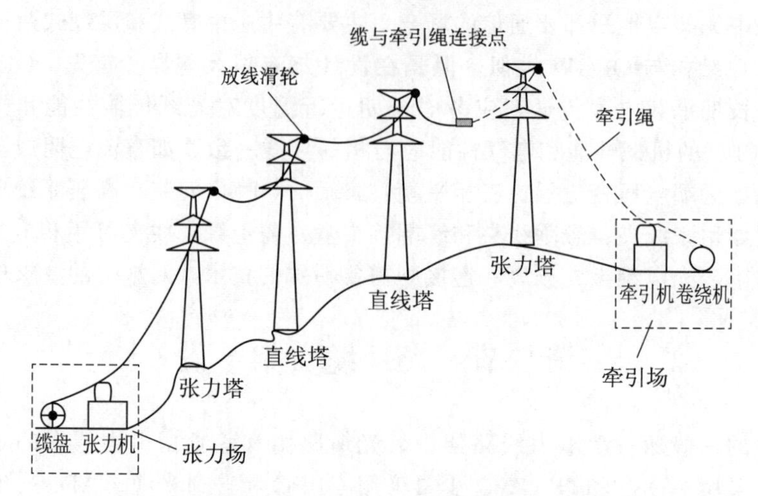

图3-5　光缆架设过程示意图

光缆施工区布置应充分了解光缆施工图设计及各项有关要求，明确工器具、牵引力、牵引速度、牵张角、弯曲半径等方面具体要求，明确所有施工工序，通过审查加以完善和掌握，并向所有施工人员交代与落实，严格按施工图设计及相关要求施工；张力机和牵引机边缘不允许有毛刺或凹陷，轮槽应包橡胶或其他防磨材料，轮盘直径必须大于70倍光缆直径，并不小于1200mm。

(1) 为防止OPGW不至于在首尾塔处受到过度的侧压力，张力机和牵引机与第一个塔的距离必须保证牵引绳和光缆上下第一个塔时，对地夹角小于30°。即张力机和牵引机分别到始端和末端杆塔的距离为3倍以上的杆塔挂点高度，如图3-6所示。

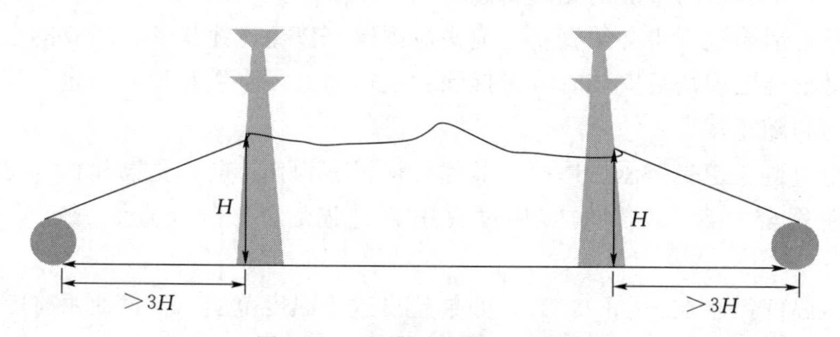

图3-6　光缆引线施工示意图

(2) 放线前要把光缆盘螺丝栓紧，尾车的轴套要夹紧，使光缆盘不移动或跳动，要有制动功能，尾车必须有人看管。

3. 牵引绳的展放

用防扭钢丝绳作为牵引绳通过人力展放。

4. 光缆牵引

把光缆在张力机上缠绕5～6圈后引出。在光缆上挂好接地滑车，接好并插入引入线棒，保证良好接地。展放区段内的护线人员在检查光缆支撑架张力机地锚可靠后即可正式牵引架线，任何一次牵引都必须得到现场指挥的正式通知。每次启动应先启动张力机后启动牵引机，指令未听清时，要问清后再操作，指挥人员必须确定沿线没有任何影响牵引的因素后，方可通知牵引，不得盲目冒险。牵引沿线必须保证通信的连续性和畅通性。

（1）牵引速度。牵引机应缓慢加速至 5m/min 的低速，如确认一切正常，可平稳加速至 60m/min，实际的牵引速度应根据实际情况由指挥长决定。

（2）牵引张力。通常情况下牵引张力应不大于光缆的 20%RTS（额定抗拉强度），在任何情况下，不得超过 25%RTS，牵引张力应由牵引机的张力限止开关自动控制。

（3）弯曲半径。在无荷载情况下光缆最小弯曲半径为光缆直径的 15 倍，在架线有荷载情况下光缆最小弯曲半径为光缆直径的 20 倍。

（4）防扭转。必须保证牵引钢丝绳的绞合方向与 OPGW 外层绞合线的绞合方向一致，在牵引时应密切注意防扭鞭的偏转角度，如发生 OPGW 绞线拱起或防扭鞭偏转角过大，应立即中止牵引，在排除故障后才可继续开始牵引。

（5）防摩擦。放线时必须保证光缆不与地面跨越架及其他容易损伤光缆的障碍物相磨，对容易造成光缆磨损的地方要采取切实有效的措施予以保护。

（6）特殊情况。因施工条件限制确需人力展放少量的光缆时必须专人看好余缆，且保证光缆最小弯曲半径大于 500mm，应防止任何造成光缆永久性变形的碰撞及扭转。

5. 余缆长度控制

张力放线牵引至接近尾线控制长度时即停止牵引，因光缆全部采用地面熔接，故光缆在两端耐张塔处均必须留有足够长的余线，余线长度不得小于耐张塔全高+15m，当两场中任意一场满足此要求时可停机并采用紧线预绞丝临时锚固。

（二）紧线

1. 紧线施工前的检查

光缆展放完后，应尽快安排紧线，紧线前护线人员应对紧线区段的如下内容重点予以检查：是否跳槽，是否有损伤，跨越是否可靠等。

2. 紧线场要求

紧线场与紧线滑车之间的水平距离应大于两者之间高差的 3 倍以上。

3. 紧线操作

（1）紧线应在白天进行，且无大风、雾、雪。当挂好紧线区段一端的尽头后松出码线器，即可通知紧线场紧线。

（2）当各观测挡的弛度都满足设计要求后，随即在操作塔上安装耐张线夹并挂线。然后立即复测各观测挡的弛度，如符合设计要求，应做好记录，特别注意，光缆弛度与地线和导线弛度有可能不同。

（3）如果弛度超过允许误差范围，应在耐张塔上利用调节板进行弛度调整，直至满足设计要求，但绝对不允许采用解开耐张线夹重新缠绕的方法进行调节。

（4）多个没有断开的耐张段连紧时，应采用由远至近的紧线方法，即先紧好距紧线场最远的一个耐张段后，在第二基耐张塔上划印，并在已紧好侧装上耐张金具并挂线，然后在待紧线侧装好耐张线夹并挂好，再紧一下耐张段，依此类推。

（5）安装待紧线侧耐张线夹时，要考虑光缆跳线弧垂（按地线横担宽度的 1.2 倍预留），故此，耐张线夹安装的起始位置应为划印点往外移耐张线夹长度加上预留的长度。

4. 紧线后处理

（1）紧线完成后，应再次检查光缆尾端的封口是否完好。

（2）当不能及时将耐张塔两端余缆尾端熔接时，应将余缆盘成直径1.5m左右的圈并牢固地绑托在塔上，严禁将余缆挂在塔脚上。

（3）光缆紧好并挂线后，各直线塔必须尽快划印并用绳子将光缆绑在滑车上，防止光缆在放线滑车内来回窜动而损坏，附件安装宜尽快进行。

（4）特别注意，在任何情况下紧线张力不允许超过光缆的40% RTS，即光缆的MAT（平均运行张力）。

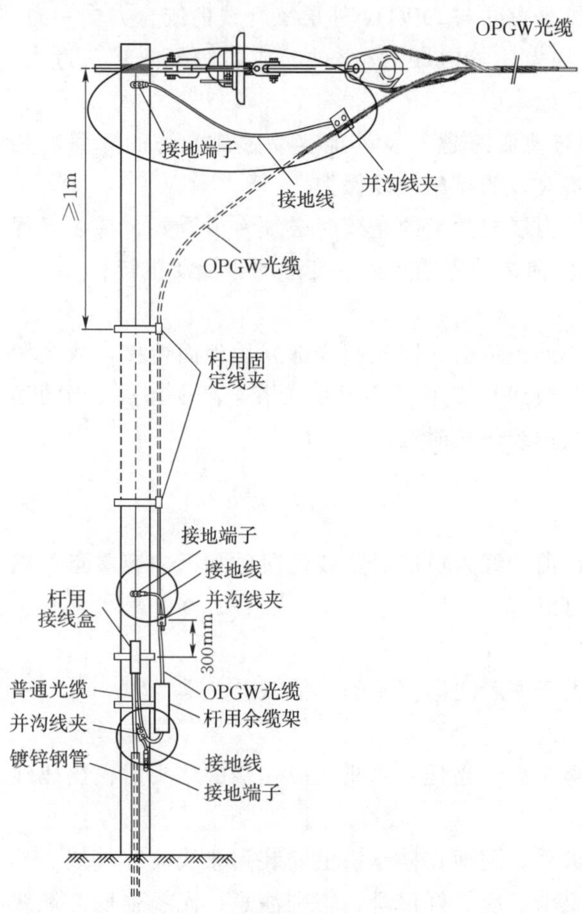

图3-7　OPGW三点接地示意图

（三）接地线的安装

接地线主要用于OPGW工程，为短路电流提供通路。接地线有不同的长度，应根据设计文件安装。接地线的导电截面积应不小于OPGW的金属截面积。

（1）塔上选择一个位置和尺寸都合适的最佳孔位，将接线端子固定在铁塔上，稍微拧紧螺母（以便稍后调整接地线夹，留待最后拧紧）。

（2）将OPGW和接地线另一端平行嵌入并沟线夹的双槽内，让接地线处于自然状态，不要过度弯曲或绷得太紧。放好弹垫，拧紧螺母。

（3）拧紧所有螺母（以压平弹垫为宜）。

（4）电力线路工程要求构架上OPGW至少采用三点接地（图3-7），具体内容参考《电力系统通信光缆安装工艺规范》（Q/GWD 758—2012）。

三、光缆接续和成端

光缆接续过程和成端过程本质上是一样的，都是光缆的熔接操作过程。区别在于：接续是把一条光缆终端与下一条光缆的始端连接起来，以形成连续光缆线路；成端则是在光缆末端通过熔接尾纤或者其他方式形成活动连接头，实现纤芯的活动连接。每两个站点之间的光缆连接从准备工作到任务终结都贯穿了光缆接续和光缆成端的全过程，并可概括成如图3-8所示的六个步骤。

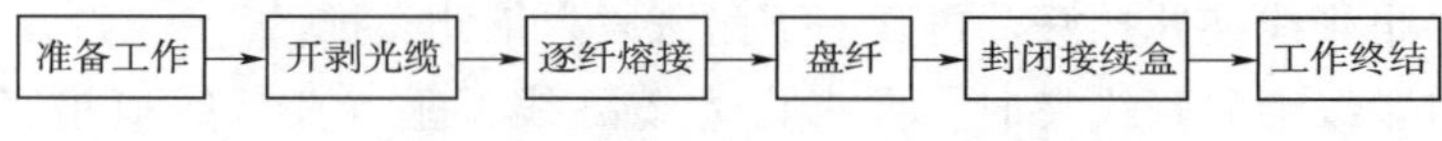

图3-8　光缆接续和成端的六步骤

(一) 准备工作

1. 正确穿戴劳保防护用品

穿棉质工作服，戴劳保线质手套和护目镜。

2. 检查工器具

工器具应满足本项工作的要求，使用成套的专用光缆熔接组合工具，针对电力常用的ADSS，组合工具内需配置横向剥缆器（图3-9）和纵向剥缆器（图3-10），针对OPGW应配置优质的便携式强力断线钳和可切割OPGW中心不锈钢束管的小型号横向剥缆器。

(二) 开剥光缆

1. 开剥光缆内外护套

(1) 根据接头盒类型不同，开剥长度控制为1.2～1.6m。

(2) 根据不同的接头盒制作相应的尾缆，要正确留出加强芯的长度并与接头盒固定好，防止在整理光缆时，接头盒与尾缆间有松动造成断芯。

(a) 外观

(b) 横向剥缆器的使用

图3-9　横向剥缆器

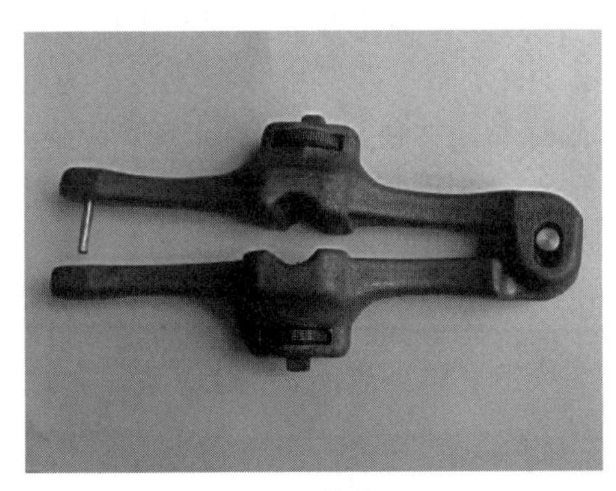

(a) 外观

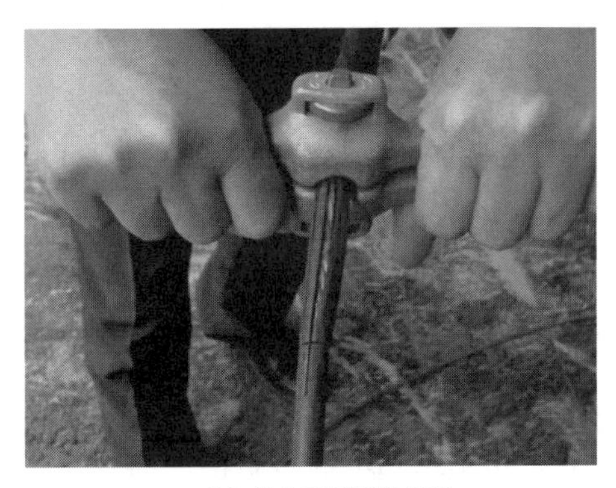

(b) 纵向剥缆器的使用

图3-10　纵向剥缆器

2. 固定光缆在接续盒内

(1) 光缆外护套与接续盒接触处以密封胶带密封，胶带厚度与外径形成一个完整的光缆密封端。

(2) 正确使用钢箍（或盒内自带卡环）固定光缆。钢箍内光缆应缠绕橡胶胶带，长度为橡胶胶带宽度。

（3）按照接头盒尺寸，加强芯留适当长度，按要求固定加强芯。

3. 开剥光缆束管

（1）光缆束管开剥工具应使用束管开剥刀。

（2）开剥松套管前，用无水工业酒精擦拭干净松套管。

（3）开剥松套管后，用无水工业酒精擦拭干净纤芯上的防水油膏。

（4）松套管预留适当长度，并与盘纤盘的连接处固定好，严禁预留松套管直接上光纤收容盘盘留。

（三）逐纤熔接

1. 分纤和穿热缩管

将光缆的每根纤芯正确穿入一个热缩管。

2. 剥除光纤涂覆层

用专用剥线钳剥除每根纤芯的涂覆层，每根剥除长度 3～5cm，在剥除光纤涂覆层时，确保剥线钳不刮伤光纤。

光纤涂面层的剥除，要掌握"平、稳、快"三字剥纤法。"平"，即持纤要平。左手拇指和食指捏紧光纤，使之成水平状，所露长度以 3～5cm 为准，余纤在无名指、小拇指之间自然打弯，以增加力度，防止打滑。"稳"，即剥纤钳要握得稳。"快"即剥纤要快，剥纤钳应与光纤垂直，上方向内倾斜一定角度，然后用合适的钳口轻轻卡住光纤，右手随之用力，顺光纤轴向平推出去，整个过程要自然流畅，一气呵成，不能损伤纤芯。

3. 清洁裸纤

裸纤的清洁，应按下面的两步操作：

（1）观察光纤剥除部分的涂覆层和包层是否全部剥除，若有残留，应重新剥除。如有极少量不易剥除的涂覆层，可用棉球蘸适量酒精，一边浸渍，一边逐步擦除。

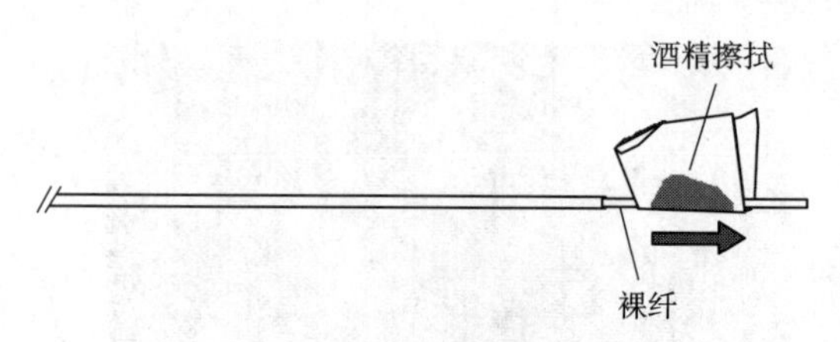

图 3－11　清洁裸纤

（2）将棉花撕成层面平整的扇形小块，蘸少许酒精（以两指相捏无溢出为宜），折成 V 形，夹住已剥覆的光纤，顺光纤轴向擦拭，如图 3－11 所示，力争一次成功，一块棉花使用 2～3 次后要及时更换，每次要使用棉花的不同部位和层面，这样既可提高棉花利用率，又防止了裸纤的二次污染。

4. 切割裸纤

裸纤的切割是光纤端面制作中最为关键的部分，精密、优良的切刀是基础，而严格、科学的操作规范是保证。光纤切刀如图 3－12 所示。

（1）切刀的选择。切刀有手动和电动两种。前者操作简单，性能可靠，随着操作者水平的提高，切割效率和质量可大幅度提高，且要求裸纤较短，但该切刀对环境温度要求较高。后者切割质量较高，适宜在野外寒冷条件下作业，但操作较复杂，工作速度恒定，要求裸纤较长。熟练的操作者在常温下进行快速光缆接线或抢险，采用手动切刀为宜；反之，初学者或在野外较寒冷条件下作业时，采用电动切刀。

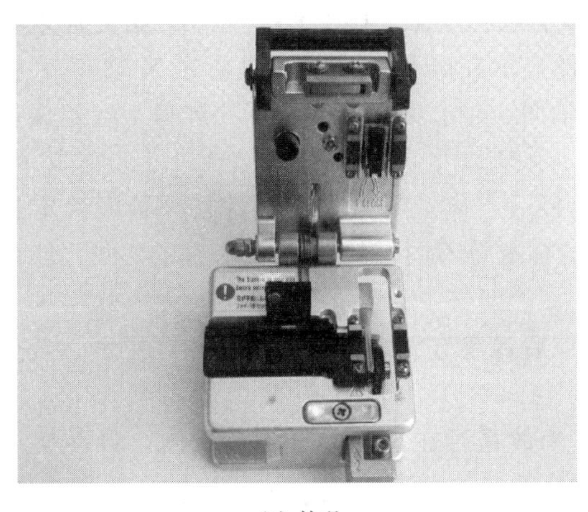

(a) 外观

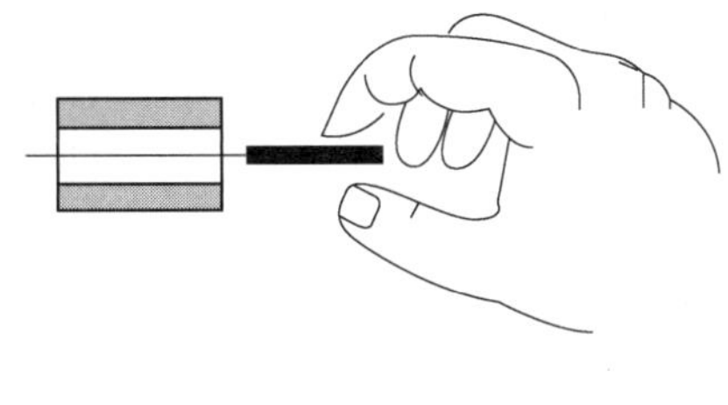

(b) 纤芯断面切割示意图

图 3-12　光纤切刀

（2）操作规范。操作人员应经过专门训练，掌握动作要领和操作规范。首先要清洁切刀和调整切刀位置，切刀的摆放要平稳，切割时，动作要自然、平稳，勿重、勿急，避免断纤、斜角、毛刺及裂痕等不良端面的产生。

（3）尾纤应放入切刀相应V形槽内，长度应符合要求。

（4）已经切割好的光纤在移动时要轻拿轻放，防止与其他物件擦碰。

5. 熔接光纤

熔接光纤是接线工作的中心环节，因此高性能熔接机和熔接过程中的科学操作十分必要。

（1）熟悉熔接机。阅读熔接机的操作手册，熟悉熔接机显示屏、各按键和各接口功能，掌握熔接机各种参数的设置。光纤熔接机外观如图3-13所示。

（2）熔接步骤。

1）接通熔接机电源，并根据光纤的材料和类型，选择并确认接线及加热条件，当本次熔接的环境温度和湿度与上次熔接的环境的温度和湿度有较大变化时，熔接前应对熔接机进行放电实验，并将熔接机的自动拉力测试项功能打开。

2）打开防尘防风罩，清洁熔接机V形槽、电极、物镜、熔接室等。

3）将制作好端面的裸纤放入熔接机的V形槽，盖好防尘防风槽；在把光纤放入熔接机V形槽时，要确保V形槽底部无异物且光纤紧贴V形槽底部。

图 3-13　光纤熔接机外观图

4）启动熔接机的熔接程序，自动熔接机开始熔接时，首先将左右两侧V形槽中的光纤相向推进，在推进过程中会产生一次短暂放电，其作用是清洁光纤端面灰尘，随后会把光纤继续推进，直至光纤间隙处在原先所设置的位置上［图 3-14（a)］，这时候熔接机测量切割角度，并把光纤端面附近的放大图像显示在屏幕上，熔接机会在 X 轴和 Y 轴方向上同时进行对准［图 3-14（b)］，并且把轴向、轴心偏差参数显示在屏幕上。当误差在运行范围之内时开始熔接。

5）连接质量的评价。光纤完成熔接连接后，应及时对其质量进行评价，确定是否需要重新接线。光纤接头的场合、连接损耗的标准等不同，具体要求亦不尽相同。但评价的内容、方法基本相似。

a. 观察放电过程是否正常。待放电结束后观察有无气泡及损耗过大等提示，若上述提示需重新熔接该芯。

b. 连接损耗估计。从熔接指示器上看读数是否在规定的合格范围内，自动熔接机显示器上的连接损耗是否符合要求。

c. 连接损耗测量。对于正式工程中的光纤接头，不能只靠目测、估计，自动熔接机显示器上的连接损耗值［图 3-14（c)］，由于微机处理机是按经验公式计算的，连接损耗产生的部分因素未考虑。因此，应利用光源、光功率计或 OTDR 进行连接损耗测量。熔接衰耗应小于 0.05dB。

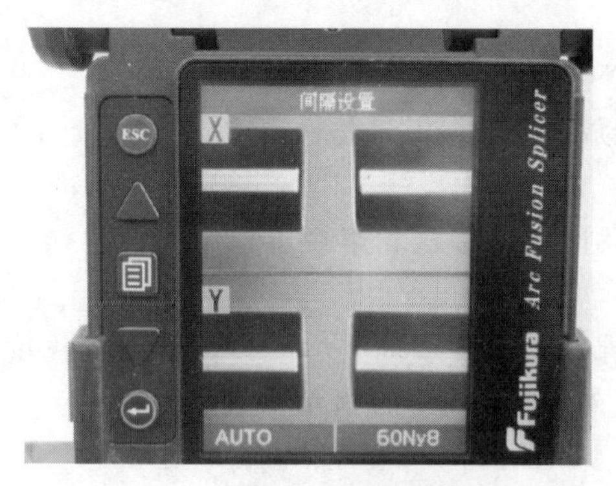

(a) 纤芯自动间隔设置

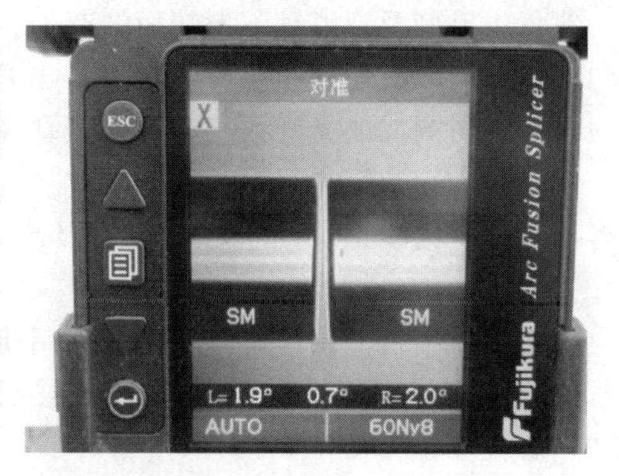

(b) 光纤对准

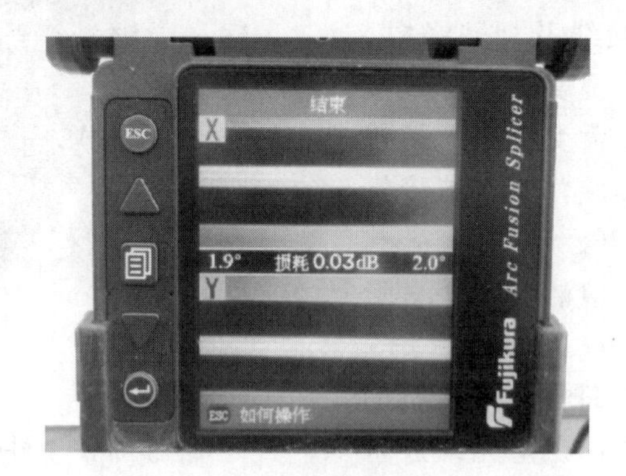

(c) 熔接后连接损耗显示

图 3-14　熔接光纤操作

6. 热缩

将热缩管移至熔接处，并放入热缩槽进行热缩。注意小心拿出熔接好的光纤，移动热缩套管，使熔接点处于热缩套管的中间，放入熔接机的加热器中央，进行接续部位的加热补偿。操作时，由于温度很高，不要触摸热缩管和加热器的陶瓷部分。裸纤热缩如图3-15所示。

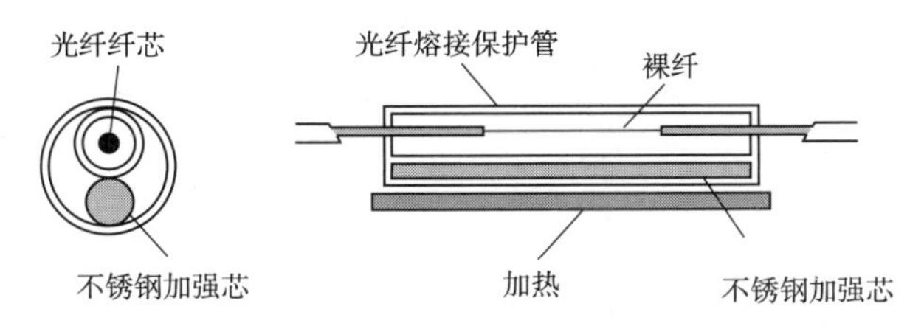

图3-15 裸纤热缩示意图

(四) 盘纤

将已熔接好的纤芯的热缩管固定在接续盒的纤盘内，沿纤盘边沿将纤芯盘好，纤芯弯曲弧度不应过小，弯曲半径一般不能小于4mm，否则容易造成折射损耗过大和色散增大；时间长了，也可能出现断纤现象。同时，注意光纤的扭曲方向，一般是倒8字形，盘完后将光纤全部放入收容盘的挡板下面，避免封装时损伤光纤。

(五) 封闭接续盒

接头盒的密封，主要是光缆与接头盒、接头盒上下盖板之间这两部分的密封。接头盒以地下直埋方式居多，一旦进水，光纤表面容易产生微裂痕，进而造成光纤断裂。在进行光缆与接头盒的密封时，要先进行密封处的光缆护套的打磨工作，用纱布在外护套上垂直光缆轴向打磨，以使光缆和密封胶带结合得更紧密，密封得更好。接头盒上下盖板之间的密封，注意从中间向两边对称的紧固，将螺丝拧紧，不留缝隙。

(六) 工作终结

操作完毕后清理、收拾工具和仪表，并清扫工作场地。

(七) 光缆接续注意事项

光缆接续的操作不当会导致产生不良接头，影响光纤回路的传输质量，因此可根据不良接头的状态及时调整操作。目测不良接头的状态及处理见表3-1。

表3-1　目测不良接头的状态及处理

不良状态	原因分析	处理措施
痕迹	(1) 熔接电流太小或时间过短。 (2) 光纤不在电极组中心或电极组错位、电极损耗严重	(1) 调整熔接电流。 (2) 调整或更换电极
变粗	(1) 光纤馈送（推进）过长。 (2) 光纤间隙过小	(1) 调整馈送参数。 (2) 调整间隙参数
变细	(1) 熔接电流过大。 (2) 光纤馈送（推进）过少。 (3) 光纤间隙过大	(1) 调整熔接电流参数。 (2) 调整馈送参数。 (3) 调整间隙
轴偏	(1) 光纤放置偏高。 (2) 光纤端面倾斜。 (3) V形槽内有异物	(1) 重新设置。 (2) 重新制备端面。 (3) 清洁V形槽

续表

不良状态	原因分析	处理措施
气泡	(1) 光纤端面不平整。 (2) 光纤端面不清洁	(1) 重新制备端面。 (2) 端面熔接前应清洗
球状	(1) 光纤馈送（推进）驱动部件卡住。 (2) 光纤间隙过大，电流太大	(1) 检查驱动部件。 (2) 调整间隙及熔接电流

第三节　电力光缆典型故障处理

光缆故障原因主要来自于以下方面：①市政施工、车辆挂断、老鼠咬断和人为蓄意破坏（盗缆）等外力破坏；②企业内部一次电缆故障或其他兄弟单位在工作和施工中对光缆造成损害，使光缆中断；③电腐蚀；④其他原因，如暴雨导致树枝压断、钢线锈蚀等或冰灾造成光缆中断。各类光缆故障现场如图 3-16 所示。

图 3-16　各类光缆故障现场

不论出现哪种光缆故障中，最典型处理流程如图 3-17 所示。

一、电腐蚀

【故障现象】

9 月 11 日 15 时 30 分，信通公司接地调调度值班电话，该公司 A 站至 B 站的 AB 二线 1 号保护、AB 一线 2 号保护中断，同时发现 A 站至 B 站光缆上承载的 SDH 光路和数据通信网中断。

故障发生时变电站 A 到变电站 B 的光缆系统构架图如图 3-18 所示。

A 站至 B 站共二回一次线路、二根光缆，其中 AB 一线 OPGW 光缆随 AB 一线一次线路承载；AB 二线 ADSS 光缆随 AB 二线一次线路承载。

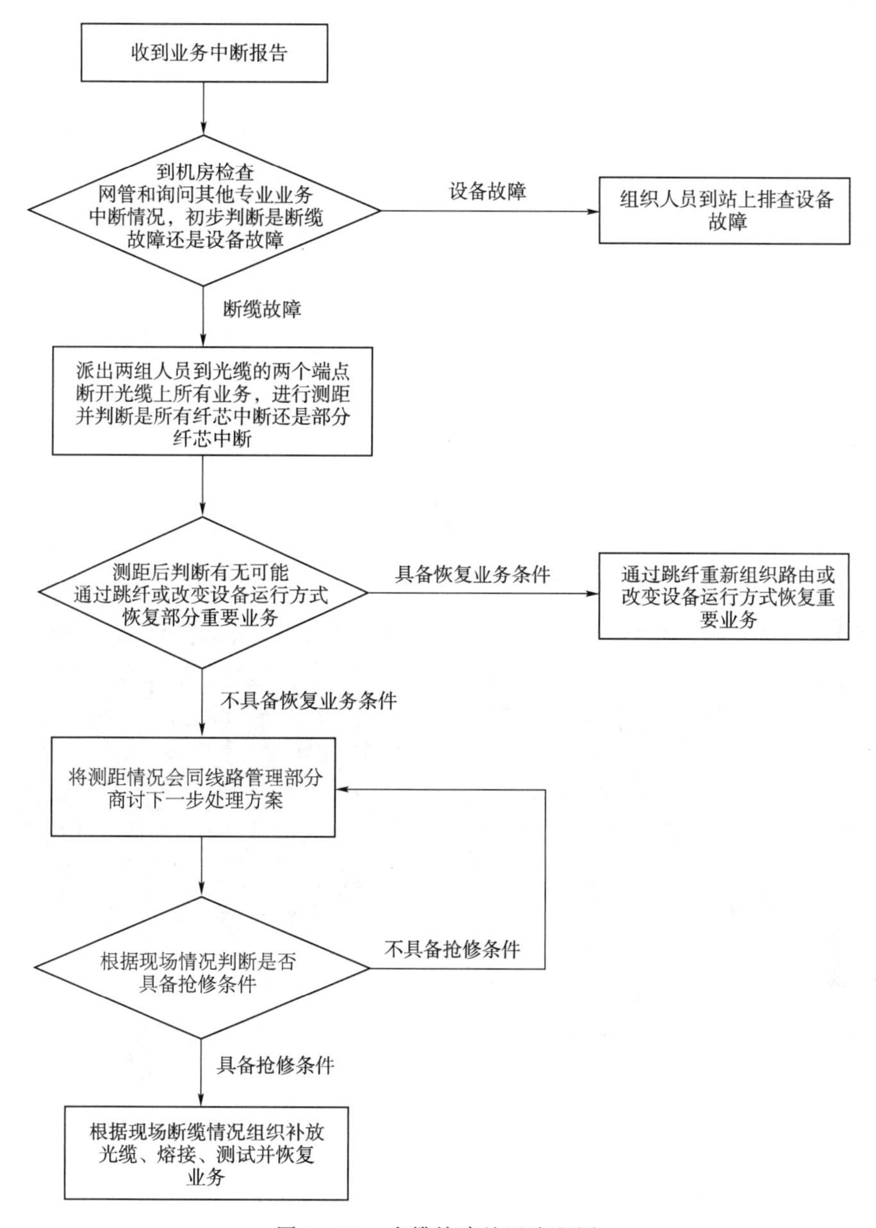

图 3-17　光缆故障处置流程图

【故障分析排查】

9 月 11 日 16 时 00 分，通信抢修人员携带工器具到达 A 站和 B 站，分别对 AB 二线 24 芯 ADSS 进行全程测试，该光缆全长 28km，测试发现全部纤芯于 B 站出站 6.1km、A 站出站 21.9km 处中断，如图 3-19 测试曲线所示。随后通知线路人员进行现场查勘，发现故障点位于 AB 二线 44 号塔处，中断原因判定为电腐蚀。

【故障处理】

按照“先抢通、后修复”的原则，经省调、地调同意，将省网华为传输 A→B 传输方向的 ADSS 光路业务、AB 二线 1 号保护业务、AB 一线 2 号保护业务由 ADSS 转移至 AB

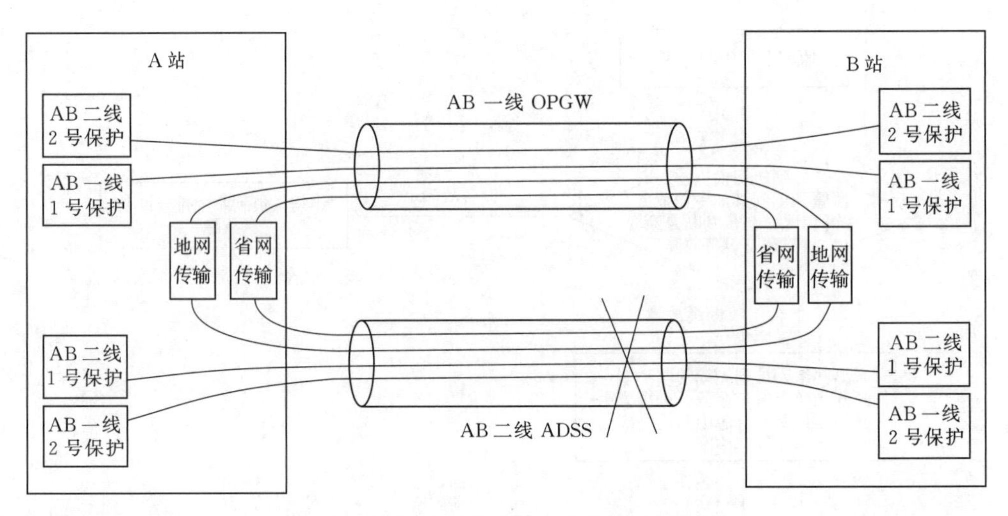

图 3-18　电腐蚀故障案例光缆系统架构图

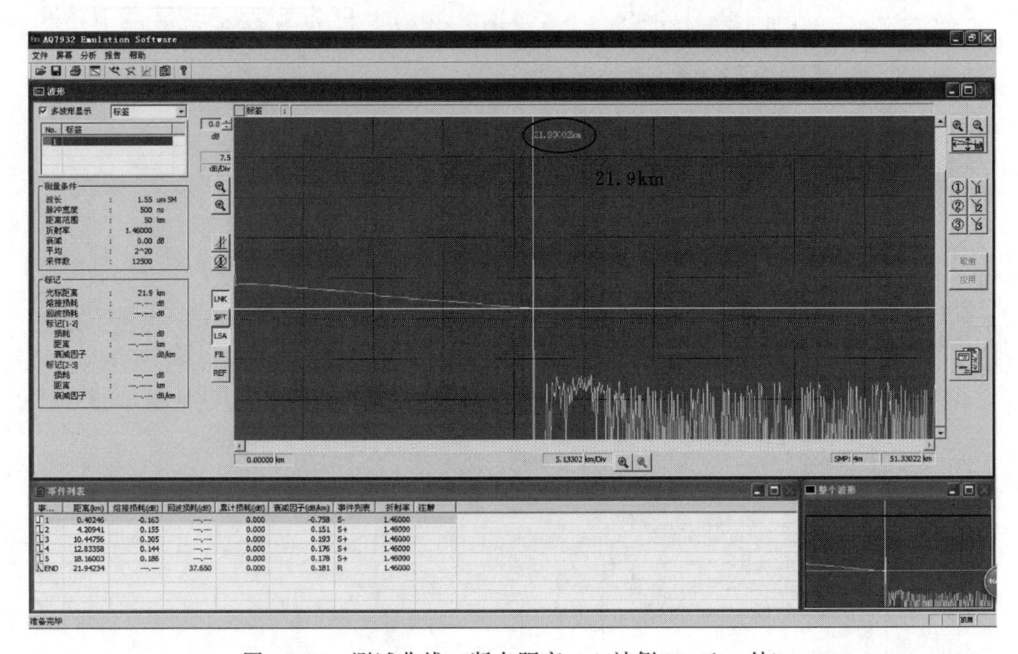

图 3-19　测试曲线（断点距离：A 站侧 21.9km 处）

一线 OPGW，业务于 9 月 11 日 18 时 30 分恢复。同时，抢修人员于 9 月 12 日 18 时 00 分完成 220kV AB 二线 43 号塔至 47 号塔共计 2.4km 的光缆展放，降低 AB 二线 44 号塔光缆挂点等工作，9 月 13 日 17 时 00 分完成光缆熔接，AB 二线 ADSS 全线恢复正常。经省调、地调许可，于 9 月 13 日 17 时 30 分开始将省网华为传输 A→B 传输方向 ADSS 光路业务、AB 二线 1 号保护业务、AB 一线 2 号保护业务由 OPGW 切换至 ADSS，业务全部恢复正常运行。该通信光缆抢修工作于 9 月 13 日 18 时 30 分全部结束。恢复后全程测试图如图 3-20 所示。

【故障处理经验总结】

原 ADSS 为 PE 材质护套，而相对 AT 材质护套，PE 材质护套更容易遭受电腐蚀，于

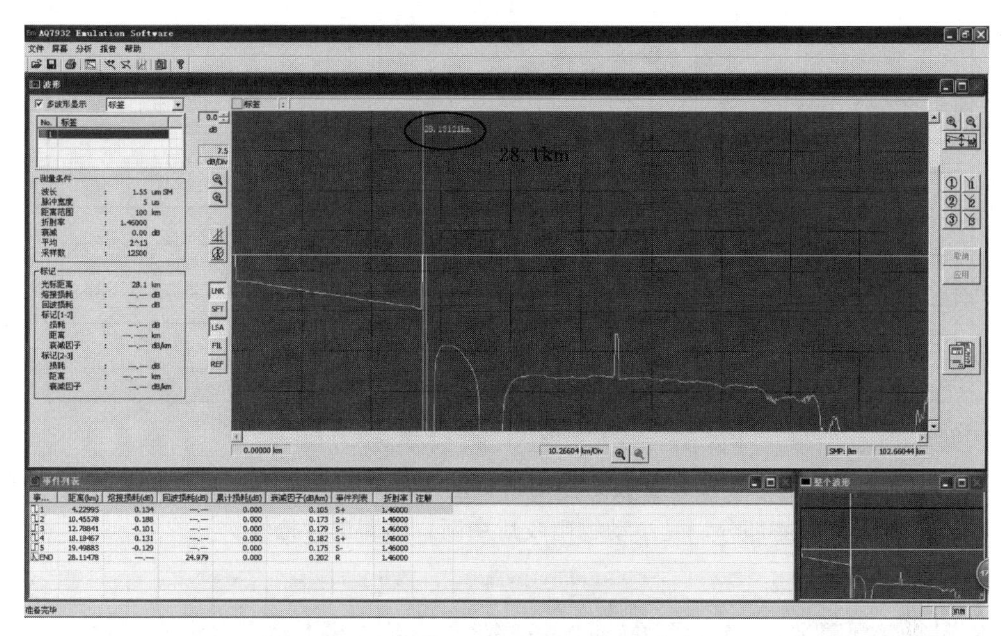

图 3-20　电腐蚀故障恢复后全程测试图

是在新更换的光缆中统一使用 AT 材质护套光缆；加强与输电运检班组的沟通与合作，形成定期光缆巡视机制，在光缆发生电腐蚀现象初期做好防电腐蚀治理，有效延长 ADSS 安全运行时间。

另外，鉴于通信专业向保护专业提供的业务是通信专业最为重要的业务之一，因此通信人员在处理涉及保护光缆的故障时需十分小心谨慎。①要对保护用纤芯进行测试时，需有保护专业人员在场；②断开保护纤芯前应与变电运维人员和保护专业人员确认，保护装置已退出运行，可以进行故障处理后，方可对保护纤芯进行测试；③当通信专业处理完保护纤芯故障后，应明确告知保护专业人员此次故障已处理完毕，保护纤芯可以投入使用；④在取下保护纤芯时应采取防止误断其他业务的措施，如临时用粘胶带将其他业务的尾纤与法兰盘的连接处接头粘好，防止误断到其他在使用的业务。

二、动物咬断

【故障现象】

9 月 6 日 8 时 30 分，某供电公司 220kV AB 北线进站 ADSS 及 AB 南线保护光缆故障，AB 北线 1 号保护、AB 南线 1 号保护中断。

故障发生时变电站 A 到变电站 B 光缆系统构架图如图 3-21 所示。

A 站至 B 站共二回线路、一根光缆，其中 AB 北线 OPGW 随 AB 北线一次线路承载；AB 南线一次线路上五光缆。AB 南、北线 1 号专用纤芯保护均由 AB 北线 OPGW 承载；AB 南、北线 2 号复用 2M 保护经传输设备通过迂回路由运行。

【故障分析排查】

通信抢修人员兵携带备缆及工器具分别前往 A 站和 B 站，技术人员于 10 时 00 分在 B 站对 AB 北线 16 芯 OPGW 进行测试，在运纤芯已中断。根据测试仪表曲线分析，判断故障点位于距离 B 站通信机房 ODF 外 266m 处（图 3-22），位于站内电缆沟内，将电缆沟

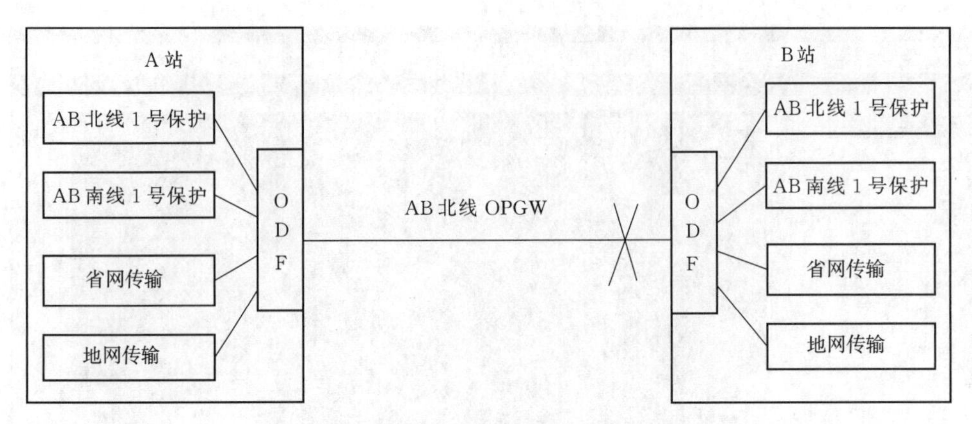

图3-21　动物咬断故障案例光缆系统架构图

盖板揭开后发现已在通道连接处安装防小动物铁丝网，安装堵料也已封堵，但在通道连接处存在5cm的光缆裸露部分，受小动物啃咬后中断，随即进行抢修。

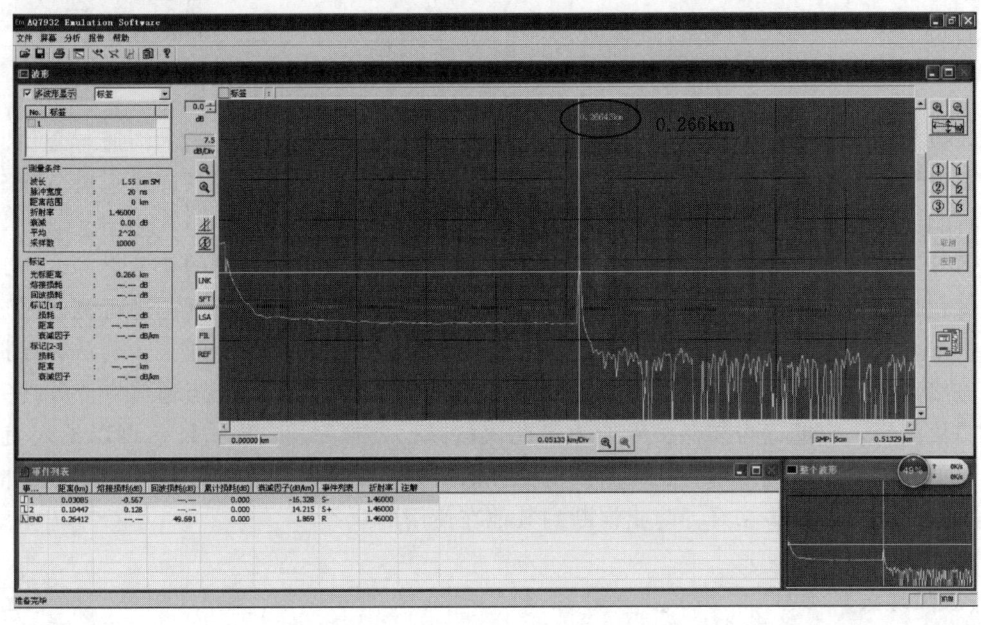

图3-22　测试曲线（断点距离：B站通信机房外侧266m处）

【故障处理】

通信抢修人员分别在A站、B站对未使用纤芯进行测试，发现暂时有两芯可用，于是先恢复了AB北线保护业务。随后，立即组织光缆熔接及穿管，同时对光缆裸露部分进行了严密封堵，抢修队员于20时30分将光缆熔接完成。恢复后全程测试图如图3-23所示。

【故障处理经验总结】

形成定期电缆沟巡视机制，已建站点考虑增加套管保护，穿管时要保证光缆在沟内无裸露部分。在防火墙或沟道结合处不能只用堵料进行简单封堵，采用加装铁丝网等形式阻挡小动物，同时合理在沟内布放粘鼠板等措施，杜绝小动物再次咬伤光缆。增强预防、恢

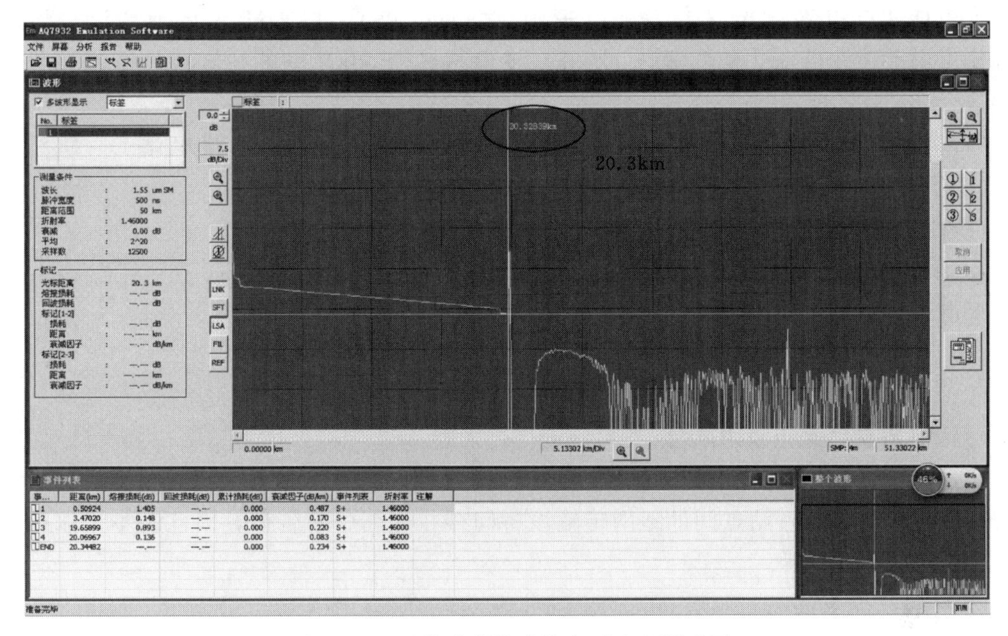

图 3-23　动物咬断故障恢复后全程测试图

复、分析事故和处理事故的能力。

三、施工断缆

【故障现象】

11 月 11 日 13 时 21 分，省通信值班告知 A 市信通公司通信值班人员，该地市 A 至相邻地市 H 波分设备之间光路告警，光路中断。

11 月 11 日 13 时 55 分，A 市地调光传输设备至 500kV 变电站 B 方向（省网光路）发生 LOS 告警；11 月 11 日 13 时 55 分，A 市地调波分设备至 500kV 变电站 B 方向（省网光路）发生 LOS 告警。

A 市地调至 H 市地调光路拓扑如图 3-24 所示。

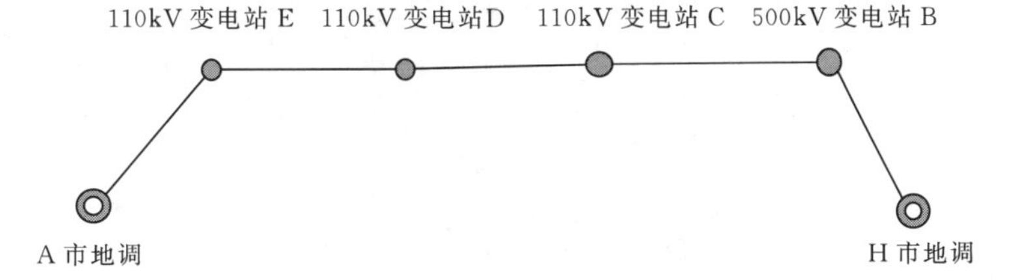

图 3-24　A 市地调至 H 市地调光路拓扑图

A 市供电公司地调至 550kV 变电站 B 光传输（省网光路）通道，是通过 B 站 XDM-1000 型光传输设备经 220kV 变电站 C、110kV 变电站 D、110kV 变电站 E 跳纤与 A 市地调 XDM-100 光传输设备相连。

路由：A 市地调光传输设备→110kV 变电站 E（跳纤）→110kV 变电站 D（跳纤）→220kV 变电站 C（跳纤）→500kV 变电站 B 光传输设备。

A 市地调地网传输设备与 110kV 变电站 E 地网传输设备之间具备地网直连光路。

A市地调至相邻地市H波分光纤通道（省网光路），是通过A市地调波分设备经110kV变电站E、110kV变电站D、220kV变电站C、500kV变电站B与相邻H市波分设备相连。

路由：A市地调波分设备→110kV变电站E（跳纤）→110kV变电站D（跳纤）→220kV变电站C（跳纤）→500kV变电站B（跳纤）→H市波分设备。

【故障分析排查】

1. *初步故障分析*

可能引发光路中断LOS告警的情况有以下三种：

（1）设备光板故障。

（2）机房内ODF至波分设备跳纤中断。

（3）两站点之间光缆中断等。

经过测试，SDH光板正常；机房内ODF上相应跳纤亦无故障；查看A市地网SDH网管，发现仅有A、E站点间的地网传输设备间存在光路中断告警，因此基本可以确定为A、E站之间光缆中断。

2. *确定故障原因*

（1）发现新的光纤通道衰耗较高，超出省网光传输设备及波分设备临界值，两套设备通信均未恢复正常。

（2）在跳纤迂回的同时，故障处理人员用OTDR在110kV变电站E对光缆纤芯进行测试，测试曲线上发现E站至A市地调的出站方向4.4km处有明显断点，如图3-25所示，即派人前往故障点附近巡查核实。在现场发现，因市政施工单位野蛮施工造成缆中断。

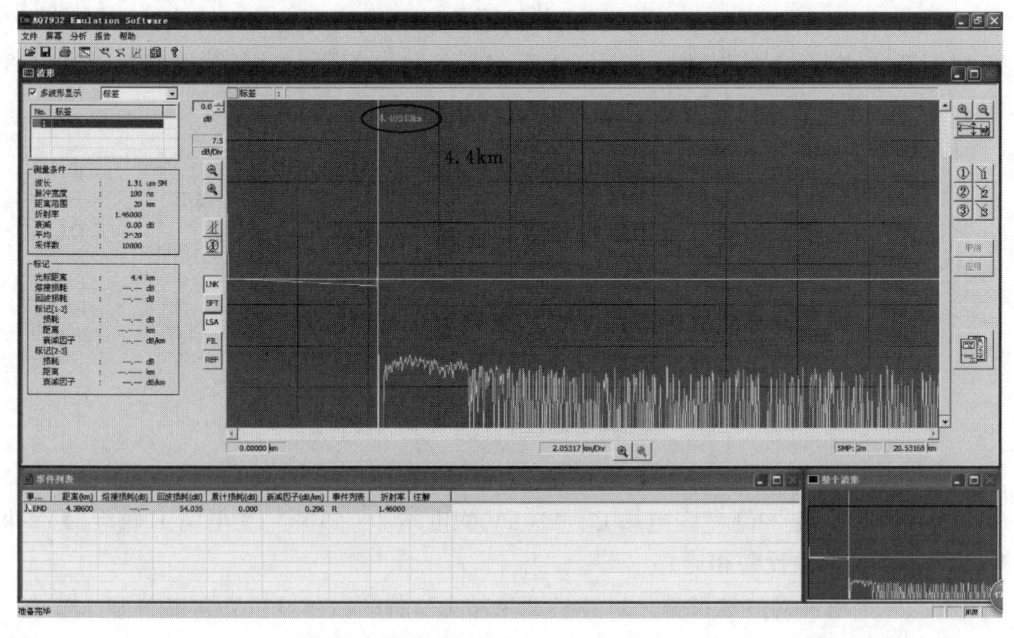

图3-25 测试曲线（断点距离：E站至A市地调出站方向4.4km处）

【故障处理】

通信抢修人员先将E站至A市地调的中断光路使用跳纤临时切换至迂回光路上，临时沟通E站至A市地调光纤通道。随即组织对受损光缆进行抢修。光缆熔接工作结束，恢复省网光传输设备及波分设备原有E站至A市地调光纤通道，并拆除临时迂回光路后，设备恢复正常运行。恢复后E站至A市地调全长距离5.6km，如图3-26所示。

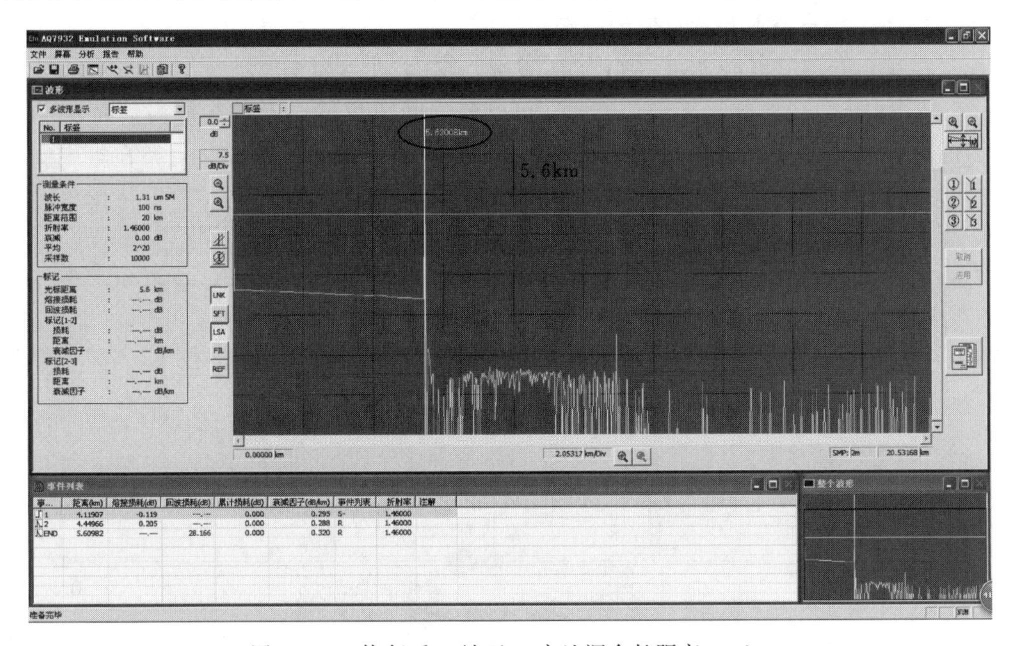

图3-26　恢复后E站至A市地调全长距离5.6km

【故障处理经验总结】

对地埋光缆增加警示标识，务必埋设警示桩、粘贴光缆线路警示牌；加强重点线路防护措施，加大巡视密度，定期检查光缆线路有无施工单位威胁线路安全；增强光缆防外力破坏安全意识，加大保护光缆安全的宣传力度。

同时，还应该建立与市政建设及相关施工单位的常态沟通机制。提前告知施工单位通信光缆的路径走向以及注意事项，准确掌握可能影响电力通信光缆安全的市政相关信息，“早沟通、早准备、早预防”。

四、隐形故障点

【故障现象】

11月11日13时21分，某地市信通值班人员接到该市下属营业厅B故障申报，该营业厅的电脑不能上网和收电费。经网管核实，发生营业厅网络设备链路中断告警。

【故障分析排查】

1. 初步故障分析

可能引发营销业务中断的情况有以下两种：

（1）网络设备故障或停运。

（2）两站点之间光缆中断。

2. 确定故障原因

(1) A点为某35kV变电站，是信息的一个网络节点，OTDR测试结果为3953.32m。

(2) B点为电管所营业厅所在地，该点OTDR测试结果为3601.45m，如图3-27 (a) 所示。

(3) 前往故障点，未发现明显断点，同时，在距离B点3.6km附近查勘发现塔式金属光缆接头盒，开盒检查并有足够的余缆。

(4) 在接头盒内开断纤芯进行OTDR测试：至A点方向为270.91m；至B点方向为3330.54m，如图3-27 (b) 所示。因此，可判断为断缆故障点发生在接头盒向A点方向270.91m处。现场发现，故障光缆外观上没有明显断点，断芯未断缆，且架在空中。

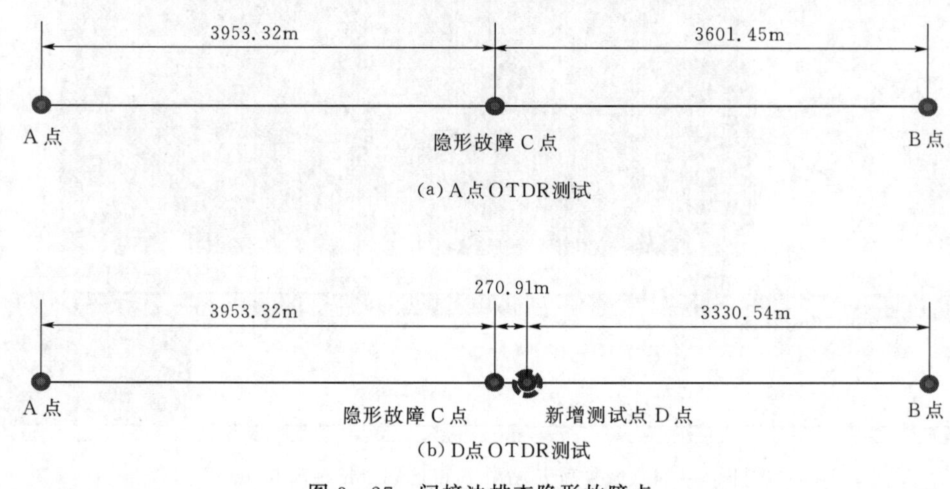

图3-27　间接法排查隐形故障点

【故障处理】

通信抢修人员随即组织对受损光缆进行抢修。故障点和新增测试点光缆熔接工作结束，对全程进行了衰耗测试，满足运行要求，光路恢复正常，营销业务全面恢复。

【故障处理经验总结】

架空ADSS断缆故障通常有以下两大类：第一类有明显的断点，这类故障线路维护人员通过巡线可以直接发现，如光缆与公路有跨越而被车辆挂断的，还有光缆跨越施工现场被机械损坏断到地面上的；第二类是光缆从外观上没有明显断点，或光缆未断落至地面，或通过巡线难以直接发现的断缆故障，如电腐蚀只发生断芯的故障，松鼠只咬断或咬伤光缆束管未将整根光缆咬断，架设施工过程中造成的光缆内部元件的损伤，以及光缆运行一段时间后发生的只断芯、未断缆的故障等。对于第二类的隐形故障的处理通常采用间接法。

第四章　SDH 光传输系统运维

光同步数字体系（Synchronous Digital Hierarchy，SDH）是目前应用最广泛、最理想的传输体制。在 SDH 光传输系统中，发送端将低速数字信号通过映射、定位、复用等方式在高速 SDH 帧中复接，SDH 帧位置是固定的、有规律的；在接收端从高速 SDH 信号中直接解复用出低速 SDH 信号，完成了信号的透明传输。

第一节　SDH 网络概述

一、SDH 基本概念

SDH 是一种将复接、线路传输及交换功能融为一体，并由统一网管系统操作的综合信息传送网络，规范了数字信号的帧结构、复用方式、传输速率等级、接口码型特性，提供了一个国际支持框架，在此基础上发展并建成了一种灵活、可靠、便于管理的传输网。这种传输网易于扩展，适宜新电信业务的开展，并且使不同厂家生产的设备互通成为可能。

基本的光纤通信系统由光发射端机、信道（传输媒质）、光接收端机组成，如图 4－1 所示。其中光发射端机所发射的数据源包括话音、图像、数据等业务；信道包括最基本的光纤；而光接收端机则接收光信号，并从中提取信息，然后转变成电信号，最后得到对应的话音、图像、数据等信息。

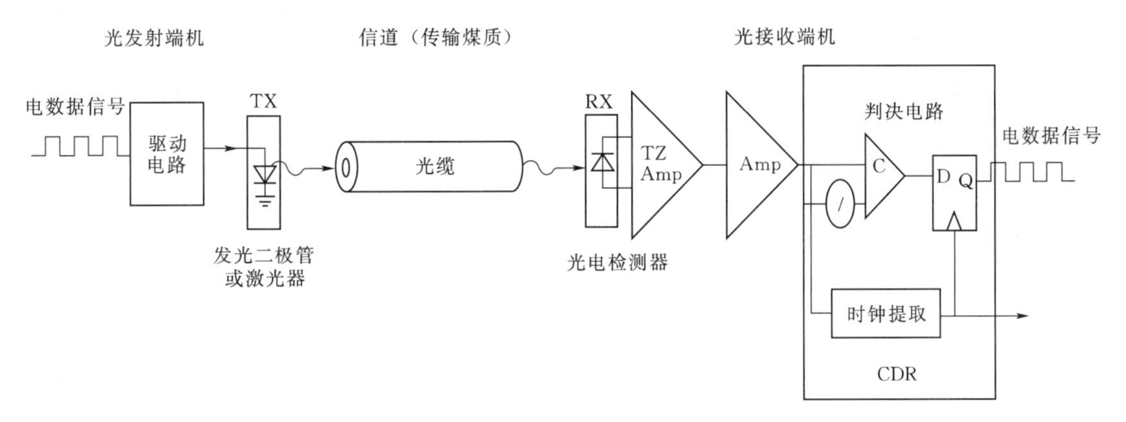

图 4－1　基本的光纤通信系统框图

二、SDH 产生的技术背景

从 1966 年英国高锟博士提出光传输理论以后，1976 年就开始出现实用化的传输设备。到 20 世纪 80 年代，准同步数字传输体制（PDH）的产品开始规模应用，在欧洲、北美、日本形成了三种 PDH 体系（我国采用的是欧洲系列的 PDH 产品）。进入 20 世纪 90 年代，由于电信的高速发展，对带宽和传输速率的要求越来越高，传统的 PDH 已经无法满足高速带宽的需求，SDH 开始出现，并经过 ITUT 的规范，在世界范围内快速普及，在 20 世纪90年代中后期，SDH已经取代PDH成为世界各国建设基础物理传输网络的通用统一的标准，PDH基本停建。随着网络的普及和信息数据的多样化，信息传递对带宽和传输速率的要求越来越高；同时，由于SDH传输是使用光纤传输媒质中一个特定波长来传输信息，光纤的资源未能充分利用，同时SDH技术的发展对元器件的要求越来越苛刻。在20世纪90年代的后期，可以提供更高速率的密集波分复用技术（DWDM），在一根光纤中可以同时传输多个波长的信息，提高了光纤资源的利用率，降低了建设投资成本。20世纪90年代末期，各运营商开始规模建设DWDM传输网络，并开始进行全光网试验。在2002年以后，基于全光系统的光分插复用设备（OADM）、光交叉连接设备（OXC）和星际覆盖网络（ION）逐步规模运用。同时，各运营商要求实现在基础物理传输网络实现多业务的传送，可以实现多业务传送的Metro城域网开始兴起。传输网络的发展历程如图4-2所示，可以看出，光传输网络的快速发展基于技术的发展和客户的需求的驱动。

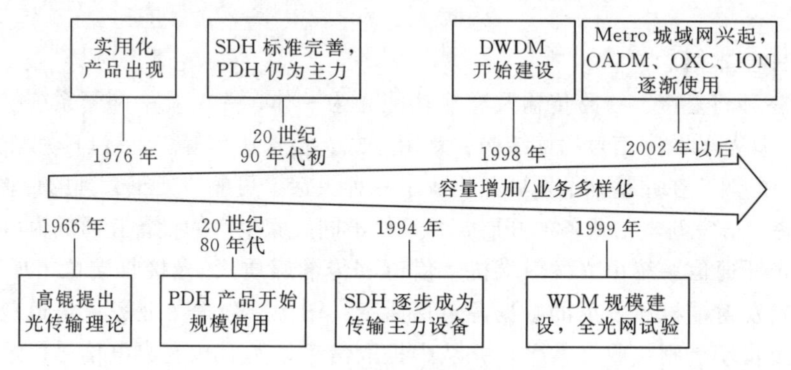

图4-2 传输网络的发展历程

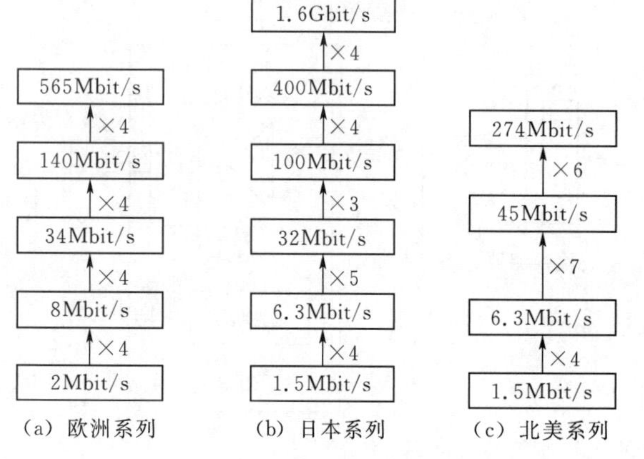

图4-3 国际三大体系电接口标准

从图4-2可以看出，在SDH逐步成为传输主力设备之前，PDH技术被广泛使用，两种技术的优劣势如下。

1. PDH的缺点

（1）没有国际统一的电接口标准规范，如图4-3所示。

（2）没有国际统一的光接口标准规范。

（3）多数信号采用异步复用方式，需要用硬件进行逐级复用与解复用（背靠背），上下电路需大量硬件、结构复杂、成本高。

（4）网络的OAM能力差。

（5）没有统一的网管接口。

2. SDH的优点

（1）国际统一的电接口标准规范。SDH对电接口做了统一的规范，使得SDH设备容易实现多厂家互联互通，兼容性大大增强。SDH基本的信号传输结构等级是同步传输模块（STM－1），基础速率为 155Mbit/s。高等级的数字信号系列的传输速率是基础速率的 4 倍，如：622Mbit/s（STM－4）、2.5Gbit/s（STM－16）、10Gbit/s（STM－64）。

（2）国际统一的光接口标准规范。SDH 在光接口（线路接口）方面采用世界性统一标准，即加扰的 NRZ 码。

（3）采用同步复用方式。SDH 采用同步复用方式，低速 SDH 信号在高速 SDH 信号帧中的位置是固定的、有规律的。这样就能从高速 SDH 信号中直接解复用出低速 SDH 信号，从而大大简化了信号的复接和分接。例如：从一个 155Mbit/s 的信号中解复用出一个 2Mbit/s 信号。

（4）SDH 设备兼容型强。SDH 只有一种标准，所有的 SDH 设备之间是兼容的。PDH 有 3 种标准，不同标准之间的 PDH 设备相互不兼容，无法互联。

（5）SDH 具有强大的网络管理能力。PDH 体系中，信号帧结构里用于运行维护工作（OAM）的开销字节不多，因此对完成传输网的管理、性能监控、业务的实时调度、传输带宽的控制、告警的分析定位很不利；SDH 体系中，信号的帧结构中安排了丰富的用于 OAM 功能的开销字节，网络的监控功能大大加强，使得 SDH 体系能更好地适应传输网的发展。

（6）SDH 增强了网络的自愈能力。SDH 灵活的同步复用方式大大简化了数字交叉连接功能的实现，增强了环形网络的自愈能力，便于根据需求动态组网。

（7）统一的网管接口。SDH 不同厂家的网管系统可以实现互联。网络中的每一个网元可通过软件控制进行本地或远程操作，降低了网络维护成本，提高了网络的效率、灵活性和可靠性。

综上所述，SDH 是一种非常适合建设大规模传输网的一种体制，必然全面代替 PDH，成为传输网的主流体制。

第二节　SDH 网络结构及保护原理

一、SDH 网络结构

SDH 网络是由 SDH 网元设备通过光缆互连而成的，网元和传输线路的几何排列就构成了网络的拓扑结构。网络的有效性、可靠性和经济性在很大程度上与其拓扑结构有关。

1. 基本的网络拓扑结构

基本的网络拓扑结构有链形、星形、树形、环形和网孔形。

（1）链形网。链形网将网中的所有节点一一串联，而首尾两端开放，如图 4－4 所示。链形网的特点是较经济，在 SDH 网的早期用得较多。

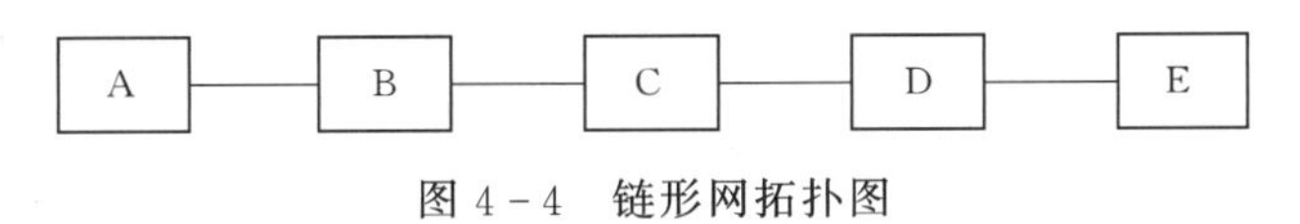

图 4－4　链形网拓扑图

（2）星形网。星形网将网中一网元作为特殊节点，与其他各网元节点相连，其他各网元节点互不相连，网元节点的业务都要经过这个特殊节点转接，如图 4－5 所示。星形网的特点是可通过特殊节点来统一管理其他网元节点，利于分配带宽节约成本。但存在特殊节点的安全保障和处理能力的潜在瓶颈问题，特殊节点的作用类似交换网的汇接局。星形网多用于本地网接入网和用户网。

(3) 树形网。树形网可看成是链形网和星形网的结合，也存在特殊节点的安全保障和处理能力的潜在瓶颈，如图4-6所示。

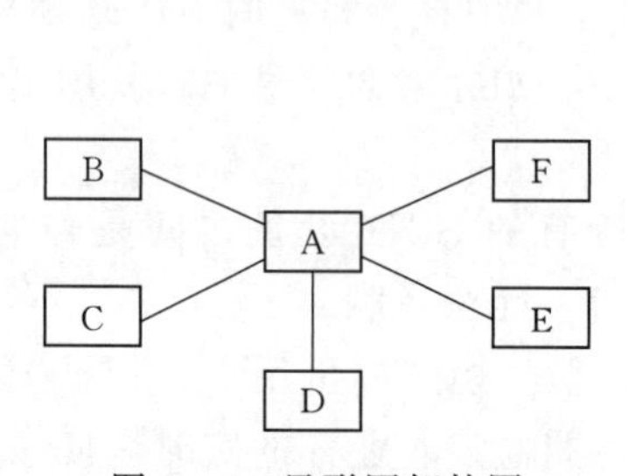

图4-5　星形网拓扑图

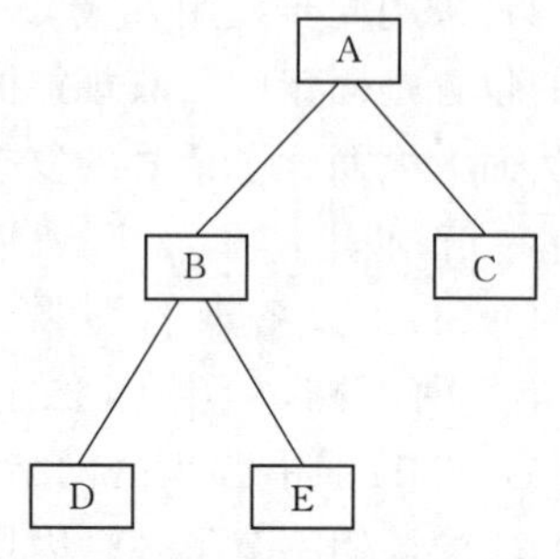

图4-6　树形网拓扑图

(4) 环形网。环形网是指将链形网首尾相连，如图4-7所示，从而使网上任何一个网元节点都不对外开放的网络拓扑形式，这是当前使用最多的网络拓扑结构，具有很强的生存性，即自愈功能较强。环形网常用于本地网接入网和用户网局间中继网。

(5) 网孔形网。网孔形网将所有网元节点两两相连形成，如图4-8所示。网孔形网为两网元节点间提供多个传输路由，使网络的可靠更强，不存在瓶颈问题和失效问题；但是由于系统的冗余度高，降低了系统有效性，成本高且结构复杂。网孔形网主要用于长途网中，以提供网络的高可靠性。

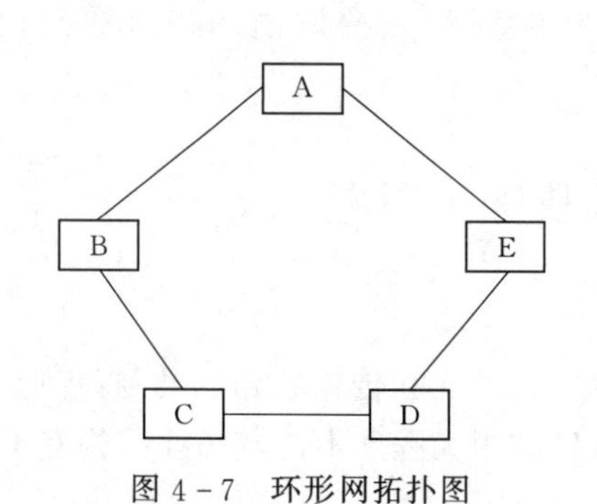

图4-7　环形网拓扑图

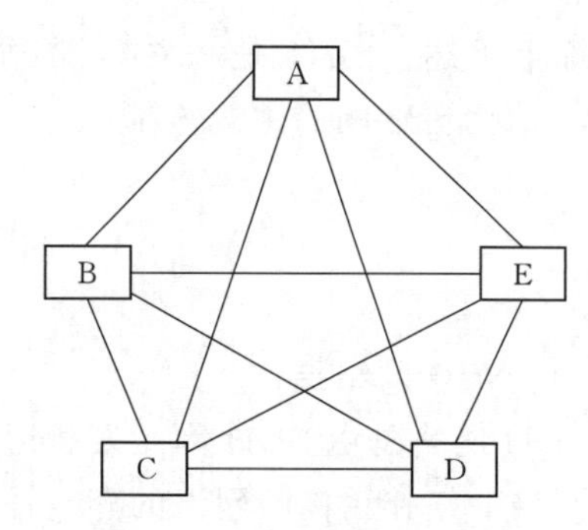

图4-8　网孔形网拓扑图

2. 复杂的网络拓扑结构

除了基本网络拓扑结构外，根据各种具体业务需求，还衍生出许多由环形网和链形网组合而成的复杂的网络拓扑结构，如环带链、环形子网支路跨接、相切环和枢纽网等。

(1) 环带链。环带链由环形网和链形网组成，链接在网元B处，环和链中任何两网元都可通过B网元互通业务，如图4-9所示。

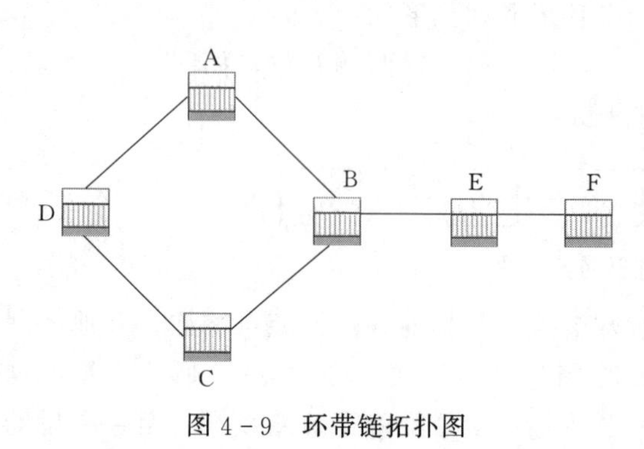

图4-9　环带链拓扑图

（2）环形子网支路跨接。通过B、E两网元的支路部分连接在一起，两环中任何两网元都可通过B、E之间的支路互通业务，且可选路由多，系统冗余度高，如图4-10所示；同时，两环间互通的业务都要经过B、E两网元的低速支路传输，存在一个低速支路的安全保障问题。

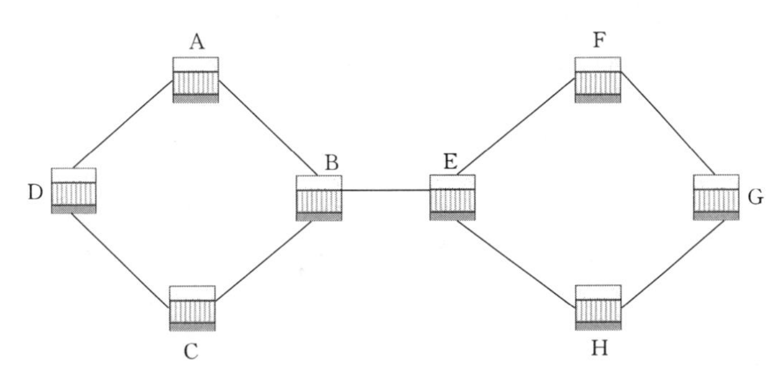

图4-10　环形子网支路跨接拓扑图

（3）相切环。图4-11中两个环相切于公共节点网元B，这种组网方式可使环间业务任意互通，具有比通过环形子网支路跨接更大的业务疏导能力，业务可选路由更多，系统冗余度更高；不过这种组网存在重要节点（网元B）的安全保护问题。

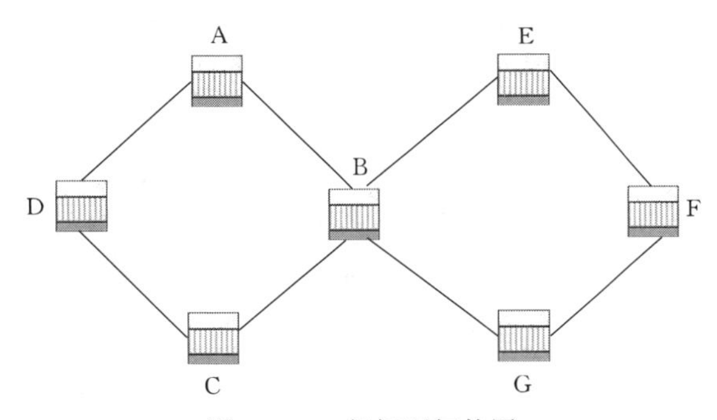

图4-11　相切环拓扑图

（4）枢纽网。网元A作为枢纽点可在支路侧接入各个链路或环，通过网元A的交叉连接功能，提供支路业务上/下主干线，以及支路间业务互通，如图4-12所示。支路间业务的互通经过网元A的分/插，可避免支路间铺设直通路由和设备，也不需要占用主干网上的资源。

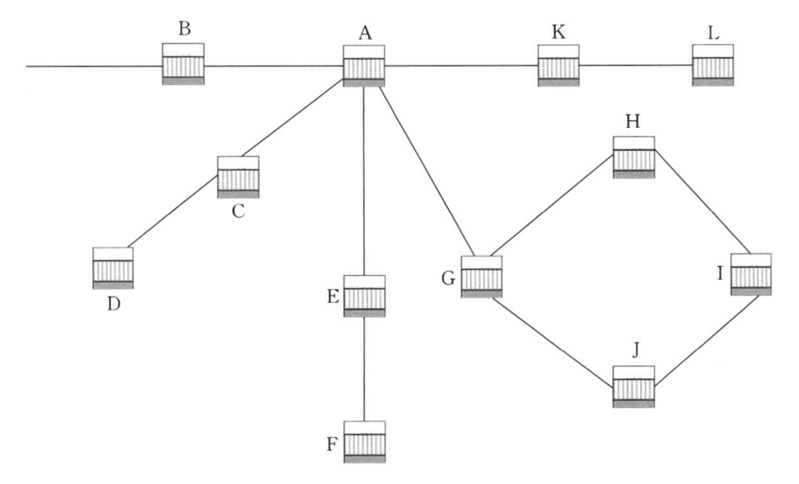

图4-12　枢纽网拓扑图

二、SDH 网络保护原理

（一）网络保护的基本概念

网络保护指通过技术手段，保护业务在网络故障时（光板故障、光缆中断、单站失效）不中断或少中断，提高网络的生存能力；利用节点间预先分配的容量实施网络保护，即当一个工作通路发生失效事件时，利用备用设备的倒换动作，使信号通过保护通路仍保持有效。保护一般处于本地网元和远端网元的控制之下，无需外部网管系统的介入，因而倒换时间很短，但备用资源无法在网络范围内与大家共享。

为了提高网络的安全性，在通信网引入了网络保护机制，要求网络有较高的生存能力，从而产生了自愈的概念。自愈是指在网络发生故障时，无需人为干预，网络自动在极短的时间内（ITU－T 规定为 50ms 内），使业务自动从故障中恢复传输。具备自愈能力的网络就是自愈网络。自愈网络必须要有备用路由、强大的交叉能力和网络节点智能性。但是，自愈网仅涉及重新构建通信通道供业务传送，不负责具体故障部件的修复处理，修复处理需人工完成。

在 SDH 的基本网络结构中，只有环网和网孔网具有冗余路由，具备满足构建自愈网的条件。在电力通信网络中，SDH 的网络保护主要针对环网，网孔形网可以划分成几个环网的组合，每个环网再按照环网的保护来实现。自愈环网的类别可以按照保护业务级别、环上业务方向、网元节点间光纤数来分类，按照保护业务级别可以分为通道保护和复用段保护；按照环上业务方向可以分为单向环和双向环；按照网元节点间的光纤数可以分为双纤环（一对收发光纤）和四纤环（两对收发光纤）。

（二）典型保护方式分析

在电力通信系统中，通常 SDH 使用路径保护，路径保护是对业务信号传送路径进行保护，分为通道保护和复用段保护。通道保护环用于保护整个 STM－N 通道中的各路业务数据流（VC 通道），当某一业务传输质量变坏时发生保护倒换；复用段保护环用于保护 STM－N 通道内各个复用段中的业务数据流，使用 STM－N 中的 K1、K2 字节传递 APS 协议信息控制各网元倒换动作，其备份通道可用于传输额外数据。

路径保护中最常用的是二纤单向通道保护环和二纤双向复用段保护环两种方式。

1. 二纤单向通道保护环

二纤单向通道保护环的组网方式为使用一对光纤（一收一发）建立环形 SDH 网络。单相环中收发业务信息的传送线路是一个方向。

在发送端，两条光纤以相反的方向传输相同的业务数据流，一条主用光纤 S（主业务通道），另一条为保护光纤 P（保护业务通道），S 线为工作路径，P 线为保护路径；在接收端，同时收到的两路通道信号按其优劣选择一路作为分路信号。例如，在网元 A 将业务“并发”到 S、P 上，在网元 C 侧收端通过支路板选择接收一路质量较好的通道信号，默认选收 S 方向通道信号业务。

主业务通道上发生 TU－AIS/TU－LOP 告警（即 2M 通道劣化）或检查到误码过量时发生倒换。当网元在二纤单向通道保护环的主用线路上收到保护倒换触发事件（如 TU－AIS）时，即证明此时主用线路不通，网元执行保护倒换，改从保护线路上接收业务数据。例如，B、C 间光纤中断，则 C 站收到 TU－AIS 告警，A、C 间的业务发生倒换。倒换前，

A→C的业务路径为主业务通道S上的A→B→C，C→A的业务路径为主业务通道S上的C→D→A，如图4-13所示。倒换后，A→C的业务路径为保护业务通道P上的A→D→C，C→A的业务路径依然为主业务通道S上的C→D→A，如图4-14所示。

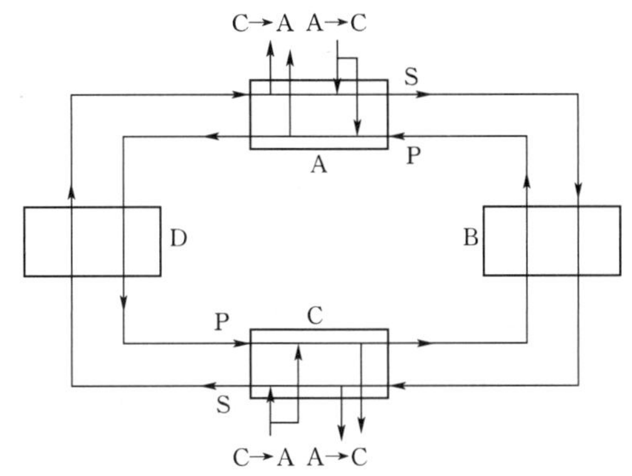

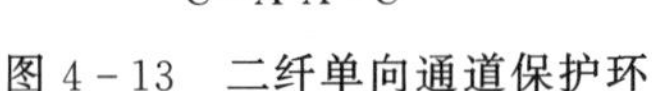
图4-13　二纤单向通道保护环

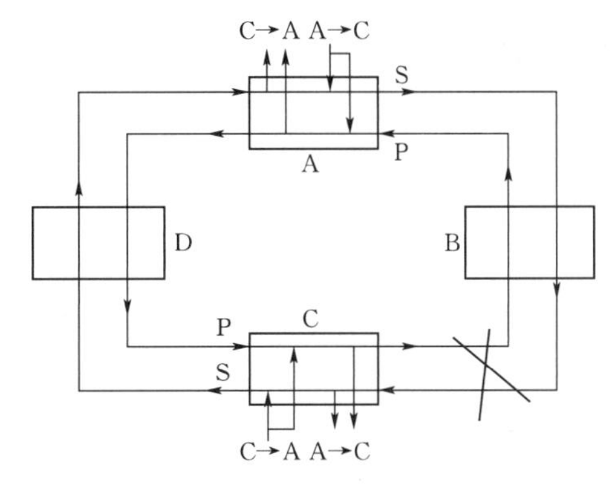

图4-14　二纤单向通道保护环倒换

正常工作时，保护业务通道P也传送保护业务，无法传送额外业务，是1+1的保护，业务为单向方式。对通业务遍历全环所有工作路径，VC的时隙将无法复用。例如，A、C网元间的开通一个2M业务，占用VC12的编号为VC12-1，网元A将业务“并发”到S、P上，则A→C业务在主业务通道S上将占用A→B和B→C间的VC12-1，保护业务通道P上将占用A→D和D→C间的VC12-1；C→A业务在主业务通道S上将占用C→D和D→A间的VC12-1，保护业务通道P上将占用C→B和B→A间的VC12-1，整个网络的VC12-1将全部被占用，不能被其他业务使用，即开通一条业务将占用全环资源。

基于以上两个特点，整个环网只有STM-N的带宽，带宽利用率低。但是，二纤单向通道保护环倒换速度快，倒换时间小于50ms，且不需要额外软件支持，即不需要自动保护协议（APS），倒换成功率高，且支持不同厂家的设备混合组网。目前电力系统中，二纤单向通道保护环使用最为广泛。

2. 二纤双向复用段保护环

二纤双向复用段保护环组网方式为使用一对光纤（一收一发）建立环形SDH网络。双相环中收发业务信息的传送线路是两个方向。

两条光纤以相反的方向传输不同的数据流。每条光纤上的传输时隙被分为两等份，一半定义为工作时隙S，另一半定义为保护时隙P。两条光纤上，工作时隙分别为S1和S2，保护时隙分别为P1和P2。其中，S1、P2同向，S2、P1同向。一条光纤的工作通路，由反向光纤的保护时隙来保护，即P1保护S1，P2保护S2。

正常工作时，工作时隙S传送主业务数据，为节省带宽，保护时隙P可用于传输额外业务数据，两个环的业务流向相反，是1∶1的保护。当某网元在设置二纤双向复用段保护环的线路上发现保护倒换触发事件时，立即将这对线路在本网元内部建立环回，将S1和P1导通，用P1环保护S1的业务，停止通过保护时隙发送额外业务数据，改为发送主业务备份数据，同时修改K1、K2字节，通知发生保护倒换之外的其他网元停止向保护时隙发送额外业务数据，并改从保护时隙接收业务数据。例如，B、C间光纤中断，网元C

站收到LOF、LOS、MS-AIS、MS-EXC告警信号，由K1、K2（b1～b5）字节所携带的APS协议来启动倒换，A、C间的业务发生倒换。倒换前，A→C的业务路径S1为A→B→C，网元A到网元C的业务穿通网元B，保护路径P1为A→D→C；C→A的业务路径S2为C→B→A，网元C到网元A的业务穿通网元B，保护路径P2为C→D→A，如图4-15所示。倒换后，在B、C处发生环回，A→C的业务路径为A→B→A→D→C，C→A的业务路径为C→D→A→B→A，如图4-16所示。

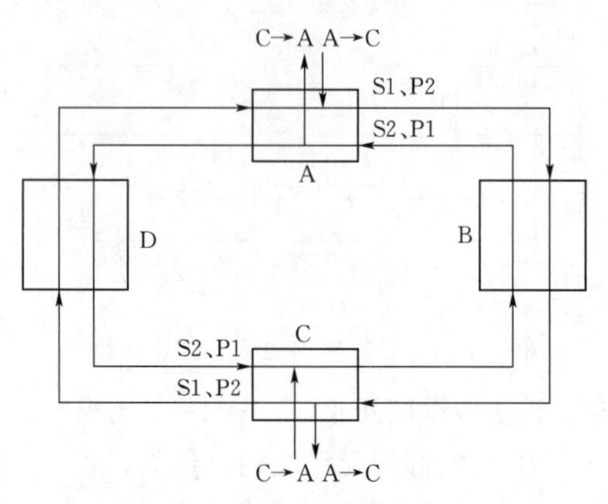

图4-15　二纤双向复用段保护环

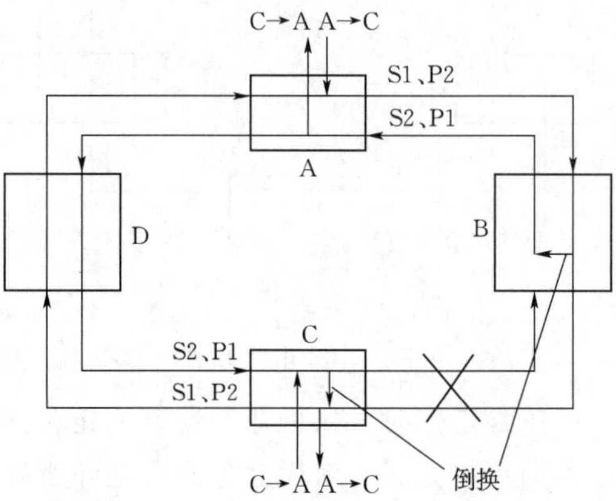

图4-16　二纤双向复用段保护环倒换

二纤双向复用段STM-N有一半的容量要为保护通道保留，故网络实际容量为K(STM-N)/2。由于二纤双向复用段保护环需要通过时隙划分虚拟，而STM-1无法再等分VC4，所以STM-1的环网无法支持二纤双向复用段保护环。复用段保护最小颗粒是VC4。二纤双向复用段保护环适用于分散业务较多的场合，应用非常广泛。

二纤单向通道保护环与二纤双向复用段保护环比较见表4-1。

表4-1　　二纤单向通道保护环与二纤双向复用段保护环比较

项　目	二纤单向通道保护环	二纤双向复用段保护环
节点数	K	K
高速线路速率	STM-N	STM-N
最大业务容量	STM-N	K(STM-N)/2
节点成本	低	中
APS协议	不要求	要求
系统复杂性	简单	复杂
产品兼容性	兼容	目前不兼容

第三节　SDH 硬 件 组 成

目前，电力通信系统中SDH设备应用最广泛的厂商是华为和中兴。华为OptiX OSN系列主要包含OSN 1500、OSN 2500、OSN 3500和OSN 7500等型号，其中OSN 3500设备数量最多。中兴 ZXMP 系列主要包含 S320、S330 和 S385 等型号，其中 S330 设备数量最多。同一厂家的设备板卡可以通用，不同厂家 SDH 设备可以对接。

一、华为 SDH 硬件组成

1. SDH 设备子架介绍

OptiX OSN 3500 采用双层子架结构，分为接口板区、风扇区、处理板区和走线区，如图 4－17 所示。子架分为上、下两层，上层主要为接口板区，共有 19 个槽位；下层主要为处理板区，共有 18 个槽位，单槽位分配如图 4－18 所示。

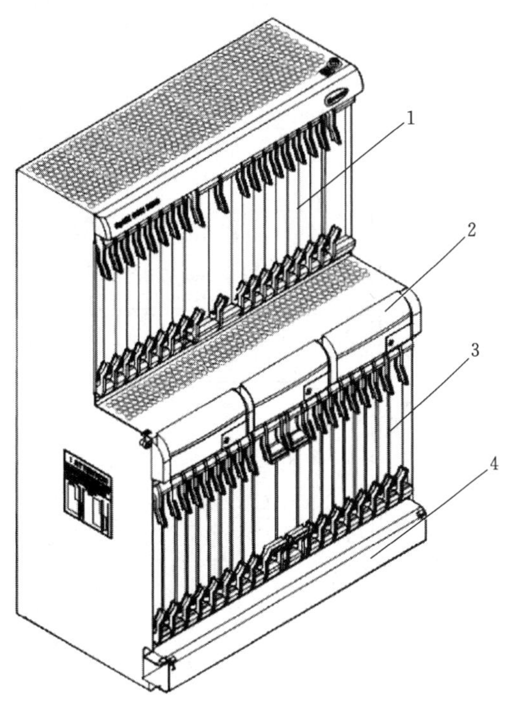

图 4－17　OptiX OSN 3500 子架结构

1—接口板区；2—风扇区；
3—处理板区；4—走线区

OptiX OSN 3500 的单板槽位分配如下：

（1）业务接口板槽位，SLOT 19～26 和 SLOT 29～36。

（2）业务处理板槽位，SLOT 1～8 和 SLOT 11～17。

（3）交叉和时钟板槽位，SLOT 9～10。

（4）系统控制和通信板槽位，SLOT 17～18，其中 SLOT 17 也可以作为处理板槽位。

（5）电源接口板槽位，SLOT 27～28。

（6）辅助接口板槽位，SLOT 37。

（7）风扇槽位，SLOT 38～40。

华为供电电源要求 1＋1 备份接入，两路电源负荷分担供电电流。根据机房的配电原则，需要按照单子架全额进行配置，这样才能保证当一路失效时子架能正常供电。设备子架上开有细密的通风孔，配合风扇形成下进风、上出风，自下而上的通风方式，使设备具备良好的散热性能。

2. SDH 板卡及其功能

SDH 板卡按功能可以分为线路接口单元板，支路接口单元板，交叉、时钟连接单元板件，系统控制与通信板件和辅助功能板件等类型，见表 4－2。

表 4－2　　SDH 板卡功能介绍

序号	名　　称	功　　能
1	线路接口单元板	把光信号转换为电信号、把电信号转换为光信号，或者把光信号放大，用尾纤连接
2	支路接口单元板	提供 2M 和以太网接口
3	交叉、时钟连接单元板件	为信号提供传输线路，实现传输线路灵活选择的功能
4	系统控制与通信板件	监控和控制整个光端机，其功能如电源机柜的监控模块
5	辅助功能板件	为系统提供电源、风扇、各种管理接口和辅助接口

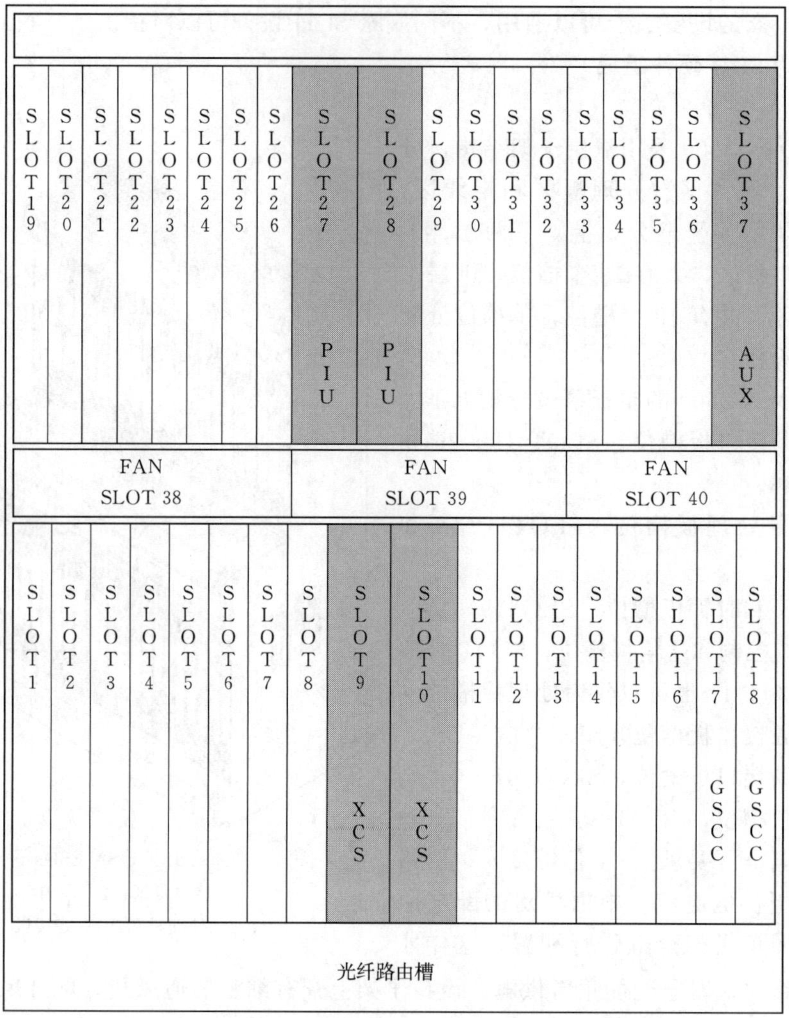

SLOT19 SLOT20 SLOT21 SLOT22 SLOT23 SLOT24 SLOT25 SLOT26 SLOT27 PIU SLOT28 PIU SLOT29 SLOT30 SLOT31 SLOT32 SLOT33 SLOT34 SLOT35 SLOT36 SLOT37 AUX

FAN SLOT 38　FAN SLOT 39　FAN SLOT 40

SLOT1 SLOT2 SLOT3 SLOT4 SLOT5 SLOT6 SLOT7 SLOT8 SLOT9 XCS SLOT10 XCS SLOT11 SLOT12 SLOT13 SLOT14 SLOT15 SLOT16 SLOT17 GSCC SLOT18 GSCC

光纤路由槽

图 4-18　OptiX OSN 3500 子架的单槽位分配图

以 OptiX OSN 3500 典型板卡配置为例。

(1) 线路接口单元板。线路接口单元包括能够提供 2.5Gbit/s、622Mbit/s 和 155Mbit/s 等传输速率的光板，见表 4-3。

表 4-3　　线路接口单元板

序号	板卡名称	板卡说明
1	SL64	支持接收和发送 1 路 STM-64 光信号、开销处理等功能和特性
2	SL16	支持接收和发送 1 路 STM-16 光信号、开销处理等功能和特性
3	SL4	支持接收和发送 1 路 STM-4 光信号、开销处理等功能和特性

(2) 支路接口单元板。支路接口单元由 2M 分系统和以太网分系统构成。其中，2M 分系统包括 PQ1 和 PD1 单板，以太网分系统包括 EFS0 和 ETF8 单板，见表 4-4。

表 4－4　　支路接口单元板

序号	板卡名称	板卡说明
1	PQ1	提供 64 路 E1 信号处理板
2	PD1	提供 32 路 E1 信号处理板
3	EFS0	8 路 FE 以太网交换处理板
4	ETF8	8 路 100M 以太网双绞线出线板

（3）交叉、时钟连接单元板。交叉、时钟连接单元由 SXCSA 单板实现定时和业务交叉功能，见表 4－5。

表 4－5　　交叉、时钟连接单元板

序号	板卡名称	板卡说明
1	SXCSA	提供业务调度、时钟输入输出等功能

（4）系统控制与通信板。系统控制与通信板由 GSCC 单板提供实现主控、公务、通信和系统电源监控等功能，见表 4－6。

表 4－6　　系统控制与通信板

序号	板卡名称	板卡说明
1	GSCC	实现设备业务的配置和调度功能，监测业务性能，收集性能事件和告警信息

（5）辅助功能板。辅助功能板包括 SAP、FAN、PIU 和 AUX 等单板，见表 4－7。

表 4－7　　辅助功能板

序号	板卡名称	板卡说明
1	SAP	为系统提供各种管理接口和调试接口等，并为子架各单板提供＋3.3V 电源的集中备份等功能
2	FAN	为系统提供散热功能
3	PIU	为系统提供－48V 电源
4	AUX	为系统提供各种管理接口和辅助接口，并为子架各单板提供＋3.3V 电源的集中备份等功能和特性

二、中兴 SDH 硬件组成

1. SDH 设备子架介绍

ZXMP S330 采用双层子架结构，分为单板区、风扇区和走线区等，如图 4－19 所示。子架分为上、下两层，上层主要为接口板槽位区，共有 17 个槽位，下层主要为处理板槽位区，共有 17 个槽位，如图 4－20 所示。

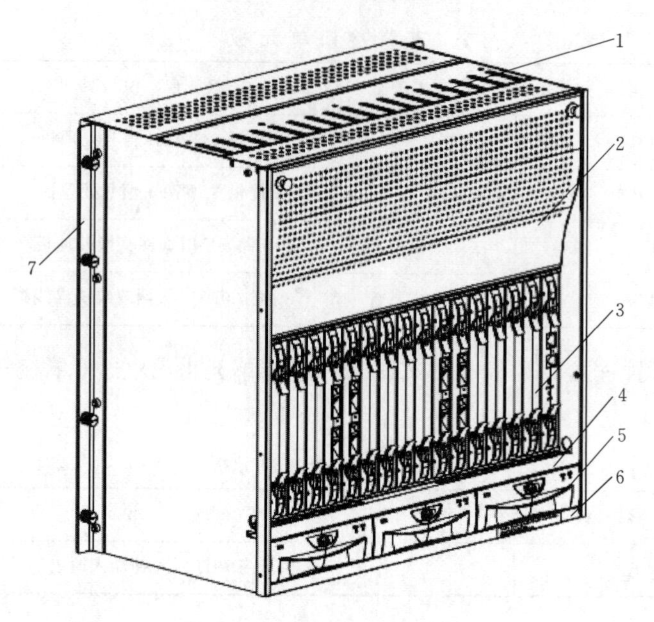

图4-19　ZXMP S330子架

1—上走线区；2—装饰门；3—单板区；4—下走线区；5—风扇区；6—防尘单元；7—安装支耳

BIE1×21	ESE1×21	ESE1×21	ESE1×21			SCI	PWR	PWR				ESE1×21	ESE1×21	ESE1×21	BIE1×21	NCPI
1	2	3	4	5	6	7	8	9	10	11	12	13	14	15	16	17
EPE1×21	EPE1×21	EPE1×21	EPE1×21	OL16	OL16	SC	SC	CS	CS	OL16	OL16	EPE1×21	EPE1×21	EPE1×21	EPE1×21	NCP
1	2	3	4	5	6	7	8	9	10	11	12	13	14	15	16	17

业务接口板	业务接口板	业务接口板	业务接口板	业务接口板	业务接口板	时钟接口板	电源板	电源板		业务接口板	业务接口板	业务接口板	业务接口板	业务接口板	业务接口板	网元控制接口板
1	2	3	4	5	6	7	8	9	10	11	12	13	14	15	16	17
业务板	业务板	业务板	业务板	业务板	业务板	时钟板	时钟板	交叉板	交叉板	业务板	业务板	业务板	业务板	业务板	业务板	网元控制板
1	2	3	4	5	6	7	8	9	10	11	12	13	14	15	16	17

图4-20　S330子架槽位分配图

2. SDH 板卡及其功能

以 ZXMP S330 典型板卡配置为例。

（1）线路接口单元板。线路接口单元板主要指能够提供 2.5Gbit/s 和 622Mbit/s 传输速率的光板，见表 4－8。

表 4－8　　线路接口单元板

序号	板卡名称	板卡说明
1	OL16	支持接收和发送 1 路 STM－16 光信号、开销处理等功能和特性
2	OL4	支持接收和发送 1 路 STM－4 光信号、开销处理等功能和特性

（2）支路接口单元板。支路接口单元由 E1/T1 分系统、OL1/4 分系统和 EOS 分系统构成。其中，E1/T1 分系统包括 EPE1×21 和 EPE1B 单板，OL1/4 分系统包括 LP1×1、LP1×2、LP4×1 和 LP4×2 单板，EOS 分系统包括 SED 和 SEE 单板，见表 4－9。

表 4－9　　支路接口单元板

序号	板卡名称	板卡说明
1	EPE1×21	提供 21 路 E1 信号处理板
2	EPE1B	提供 21 路 E1/T1 信号处理板
3	LP1×1	1 路 STM－1 线路处理板
4	LP1×2	2 路 STM－1 线路处理板
5	LP4×1	1 路 STM－4 线路处理板
6	LP4×2	2 路 STM－4 线路处理板
7	SED	4 路以太网交换处理板
8	SEE	4 路 100M 以太网双绞线出线板

（3）交叉、时钟连接单元板。SC 单元为 ZXMP S330 的定时单元，由时钟板和时钟接口板组成，见表 4－10。CS 板有两种版本：CSA 和 CSB，两者区别是空分和时分交叉能力不相同。其中，CSA 的空分交叉能力为 104×104 VC－4（含时分交叉部分），时分交叉能力为 1008×1008 VC－12；CSB 的空分交叉能力为 120×120 VC－4（含时分交叉部分），时分交叉能力为 2016×2016 VC－12。

表 4－10　　交叉、时钟连接单元板

序号	板卡名称	板卡说明
1	CS	实现业务交叉
2	SC	为系统提供定时功能

（4）系统控制与通信板。NCP 单元为 ZXMP S330 的网元控制单元，由网元控制板（NCP）和网元控制接口板（NCPI）组成，见表 4－11。

表4-11　系统控制与通信板

序号	板卡名称	板卡说明
1	NCP	实现设备业务的配置和调度功能，监测业务性能，收集性能事件和告警信息。具有OW的功能。读取收到的话机拨号和E1、E2双音多频信令，根据信令来确定通道状态，控制话机的接续
2	NCPI	NCPI板提供用户环路中继接口、列头柜告警输出接口、F1接口/外部告警输入接口

（5）辅助功能板。辅助功能板包括FAN、PWR和AP1×4等单板，见表4-12。

表4-12　辅助功能板

序号	板卡名称	板卡说明
1	FAN	为系统提供散热功能
2	PWR	为系统提供-48V电源
3	AP1×4	提供4个155端口ATM处理板

第四节　SDH系统日常维护

SDH系统日常维护主要包括网管维护和和日常巡检维护两部分内容。

网管系统是一个软硬件结合、以软件为主的分布式网络应用系统，其目的是管理网络中的设备，使设备高效正常运行。网络管理是保障网络可靠运行的最重要手段。

随着近年来通信网络的发展和完善，传输网的各类通信设备的种类和数量不断增加，系统间的相互联系变得越来越紧密。网管系统也得到了较大规模的发展，主流传输厂家由于网管系统各有特色，界面也不同，华为在传输网管上先后推出iManager T2000和iManager U2000网管系统，中兴推出了E300和U31网管系统。

2M业务和以太网业务是电力系统的各类业务的两种主要承载通道，在电力通信业务中有着举足轻重的地位，SDH作为承载上述两类业务的主体，在业务配置中有着不同的操作方法。

最典型的SDH系统网管操作包括光板自环、光功率查看、温度查看、2M环回和以太网业务配置等。2M业务配置前，要先完成网元添加、单板配置、光纤连接、网络保护方式设定等操作。以太网业务配置前，首先要完成网元添加、单板配置、光纤连接、网络保护方式的设定，其次要确定创建的以太网业务带宽、源宿端口、业务路由、时隙等。

SDH以太网业务包括以太网专线业务EPL和以太网专用局域网业务EPLAN。EPL业务适用于点到点的以太网业务的透明传输。EPLAN又称为网桥服务，适用于点到多点的业务连接。电力系统中常用以太网专线业务EPL。

网管日常监控对通信传输网络安全有重要作用，应该安排值班人员对网管系统进行24h监控，禁止非专业人员操作网管系统。

一、华为SDH网管系统典型操作

以华为T2000光传输网管系统为例。华为网管系统的维护操作主要集中在光板、2M

板和以太网板上，光板操作主要有光板自环和光功率查看；2M板操作主要有2M环回及2M业务配置；以太网板的主要操作是以太网EPL业务配置。

1. 光板自环

在光传输设备网管上可以进行自环，其作用是检查光路连接是否通畅，为避免损坏光板，自环前先加光衰。VC4环回分为内环回和外环回。

在传输网管主视图上，左键双击目标网元（如华为1），进入图4-21操作界面，右键单击10号槽光接口板（Q1SL4板），选择“VC4环回”，进入环回界面之后，可以选择“内环回”“外环回”和“不环回”。环回操作成功之后，会在光板左下角出现一个小半圆，表示环回成功。

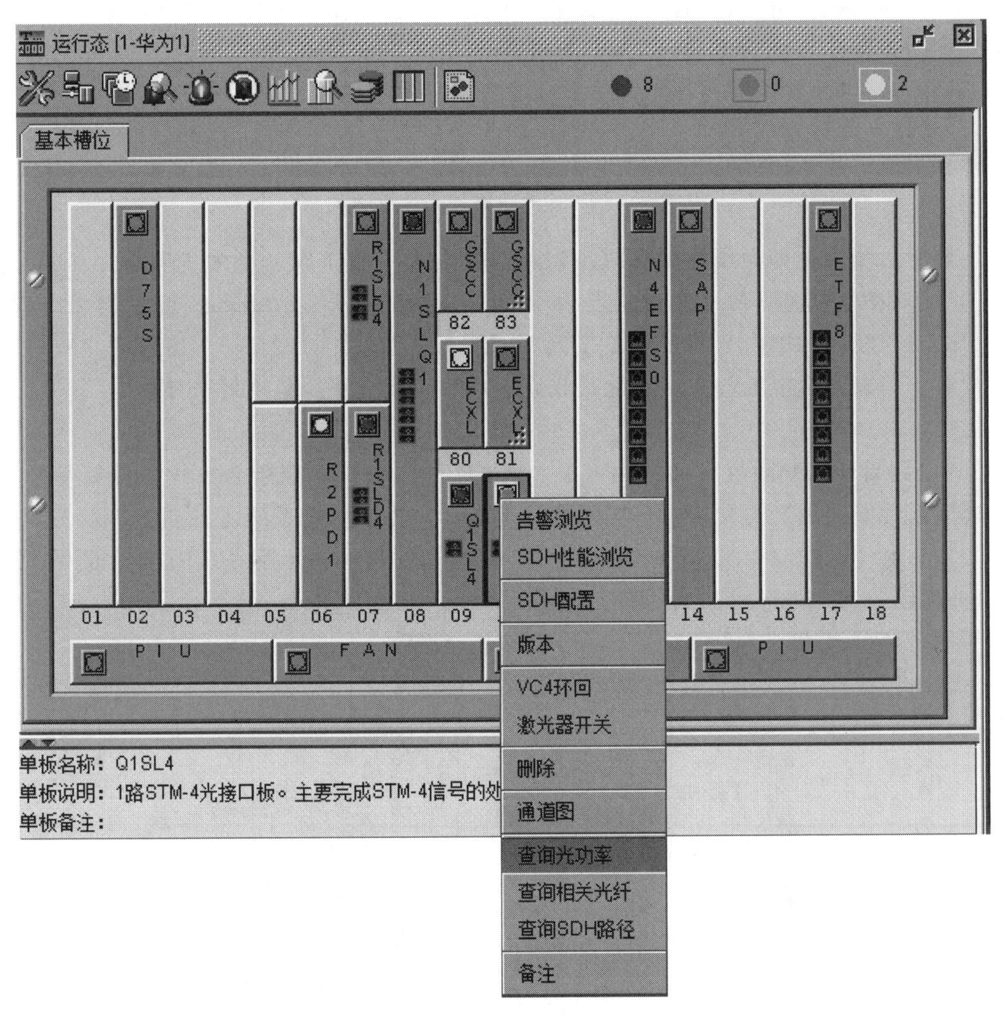

图4-21　华为网管板卡操作界面

2. 光功率查看

通过光功率查看结果，可以判别光路和光模块的状况。光板发光功率查看有两种方式：一种是在光板上查看光功率；另一种是在光路上查看光功率。

（1）在光板上查看光功率，可以在图4－21操作界面中，右键单击10号槽光接口板（Q1SL4），选择“查询光功率”。通过以上操作，可以直接显示输入功率和输出功率，输入光板的功率为－12.1dBm，输出光功率为－11.2dBm，如图4－22所示。

端口	输入光功率/dBm	输入基准值/dBm	输入基准值时间	输出光功率最大值/dBm	输出光功率/dBm	输入基准值/dBm	输入基准值时间
1-华为 1-10-Q1SL4-1	−12.1	—	—	—	−11.2	—	—

图4－22　光板上查看光功率结果

（2）在光路上查看光功率，在传输网管系统主视图上，相应光路上点击右键，选择“查询相关光功率”，可以查询输入和输出光功率。一般来说，光板衰耗在－28～－10dBm都属于正常范围，查询结果如图4－23所示。

源端口	输出光功率/dBm	宿端口	输入光功率/dBm
2-华为2-10-Q1SL4-1	-10.9	1-华为1-10-Q1SL4-1	-12.1
1-华为1-10-Q1SL4-1	-11.2	2-华为2-10-Q1SL4-1	-24.3

图4－23　光路上查看光功率结果

上例中，华为1和为华为2有两条光路，分别为1收1发。华为1向华为2发光时，华为1发光功率为－11.2dBm，华为2收光功率为－24.3dBm，可计算出尾纤有－13.1dBm的衰耗。华为2向华为1发光时，尾纤损耗为－1.2dBm。比较两个损耗，可以看出有1路衰光缆损耗较大，可能是收光模块故障或光路质量不好所导致。

3. 2M环回

2M电路自环是判断故障的常用方法，2M环回与测试仪表配合使用可完成单板端口以及通道的性能测试。与光板自环操作过程类似，在传输网管系统主视图上，双击目标网元（如华为2），在图4－21操作界面中，右键单击06号槽2M板（R2PD1），选择“内环回”“外环回”和“不环回”，如图4－24所示。

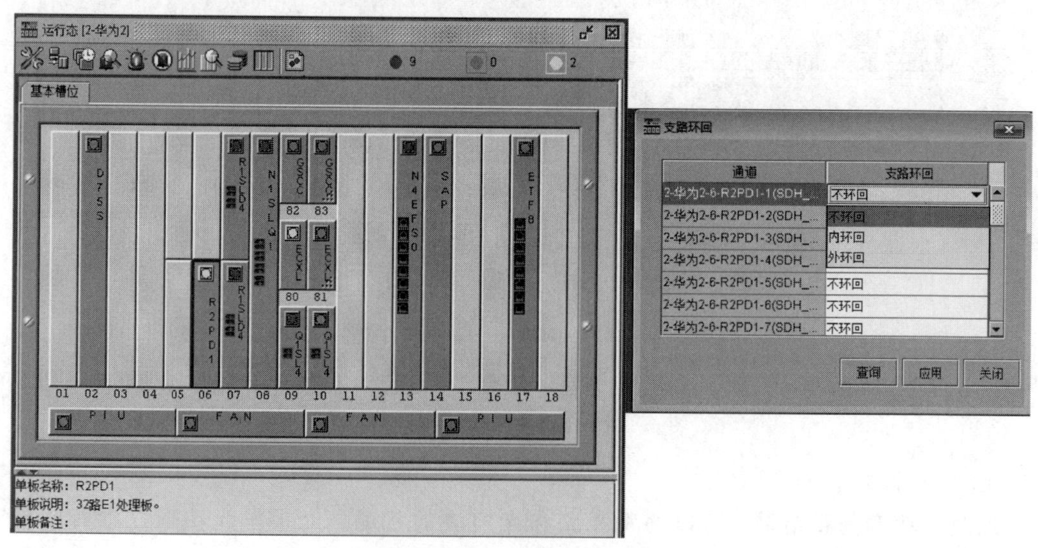

图4－24　华为网管2M环回

4. 2M 业务配置

(1) 普通业务带保护路由配置。普通业务带保护路由配置首先应该要在路径视图中配置服务层路径，其次在保护视图配置二纤单向通道保护环，再进行 SDH 维护子网创建。

进行服务层路径配置时，要选择方向、级别、资源使用策略、源和宿，如图 4-25 所示。方向选择“双向”，级别选择“VC-4 服务层路径”，资源使用策略选择“保护资源”，保护优先策略选择“路径保护优先”，正确选择源和宿。

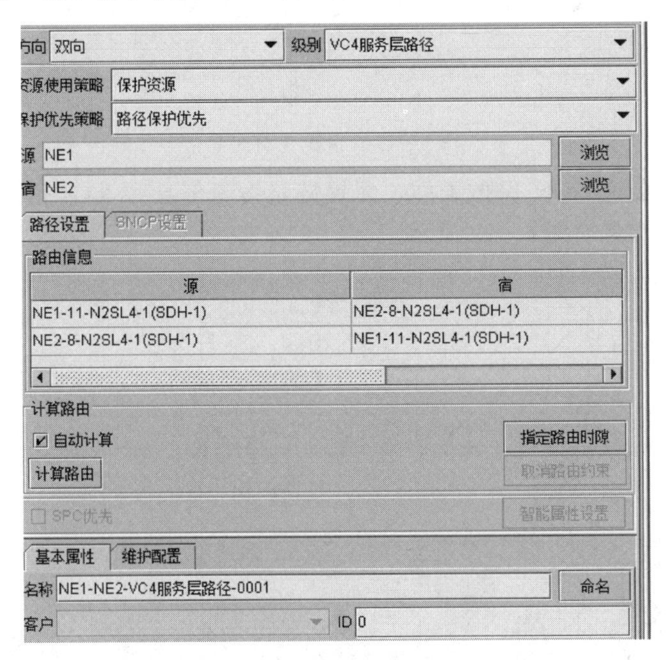

图 4-25　服务层路径配置

单击右键，选择“二纤通道保护环”，再选择“SDH 保护子网创建”。在二纤单向通道保护环创建向导图中，选择容量级别、节点属性。在二纤单向通道保护环创建向导图中，选择链路等信息，如图 4-26 所示。

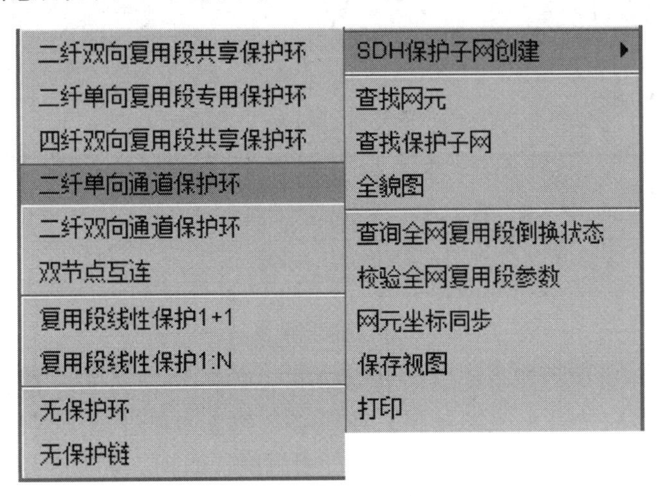

图 4-26　保护视图配置-SDH 保护子网创建

在保护视图配置中，选择容量级别、节点、节点属性，如图 4－27 所示。容量级别根据网络的容量适当选择，此处选择 STM－4，节点属性选择 PP 节点。

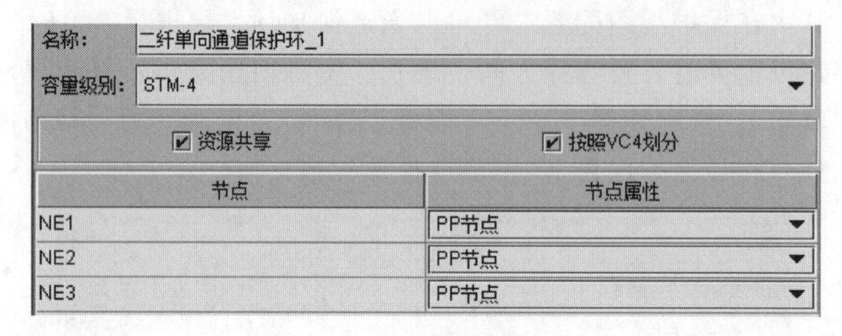

图 4－27　保护视图配置

在保护视图中创建 SDH 保护子网，配置链路物理信息和 VC4 信息，如图 4－28 所示，保护视图配置结果如图 4－29 所示。

链路	链路物理信息	VC4
NE1-NE2 环	11-N2SL4-1(SDH-1)-8-N2SL4-1(SDH-1)	1-4
NE2-NE3 环	11-N2SL4-1(SDH-1)-8-N2SL4-1(SDH-1)	1-4
NE3-NE1 环	11-N2SL4-1(SDH-1)-8-N2SL4-1(SDH-1)	1-4

图 4－28　链路配置

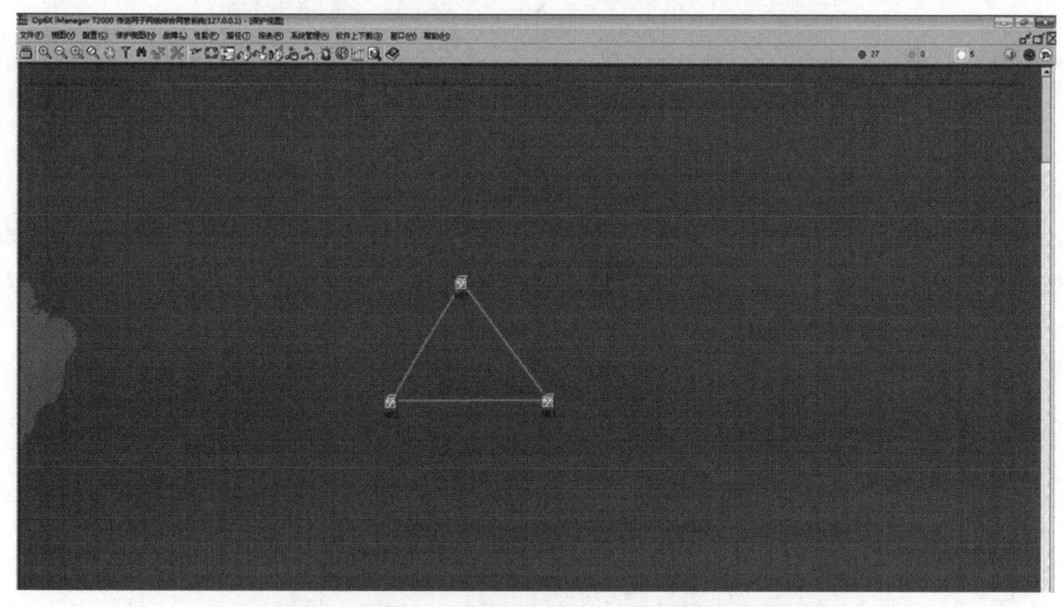

图 4－29　保护视图配置结果显示

（2）差动保护不带保护路由配置。电力通信系统中，2M 业务一般配置成通道保护或复用段保护，但是 2M 光纤电流差动保护业务必须配置为单链路（不带保护路由）。进行光纤电流差动保护不带保护路由配置时，要配置方向、级别、资源使用策略、源和宿，如图 4－30 所示。方向选择“双向”，级别选择“VC12”，资源使用策略选择“保护资源”，保护优先策略选择“路径保护优先”，正确选择源和宿。

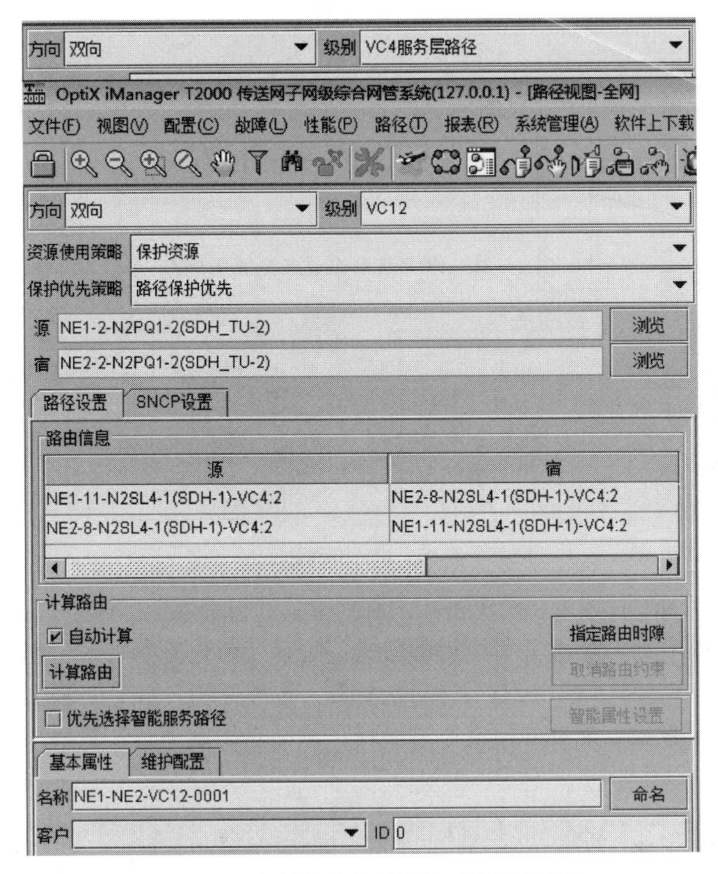

图4-30 光纤电流差动保护不带保护配置

配置完成后要确认2M业务是否配置成功，可以通过查询相关网元告警信息、用户设备运行情况、仪表测试等方式。

5. 以太网EPL业务配置

EPL业务适用于点到点的以太网业务的透明传输。例如，有A、B两个公司，A公司分部1和分部2需要互相通信，绑定2个VC3。B公司的分部1和分部2需要互相通信，绑定48个VC12级别的2M电路，网络拓扑如图4-31所示。两个公司之间的业务通过VCTRUNK（内部端口，是网管承载业务的逻辑端口，同一个VCTRUNK只能绑定一种级别的通道）隔离。如果输入以太网板的以太网信号不带有VLAN ID，也是可以通过VCTRUNK隔离的。

（1）配置以太网内部端口。在主视图的NE1网元图标上单击右键，选择“网元管理器”。在单板树中选择NE1的2-EFS板。在功能树中选择“配置/以太网接口管理/以太网接口”。选择“内部端口”后，选择“TAG属性”选项卡。配置2-EFS-VCTRUNK1和2-EFS-VCTRUNK2的TAG属性。“TAG标识”选择Tag Aware，单击“应用”。VCTRUNK选择Tag Aware，表示透传信号的标签。选择“封装/映射”选项卡，配置VCTRUNK1、VCTRUNK2的映射协议为GFP。其余参数选择默认值。以太网内部端口配置如图4-32所示。

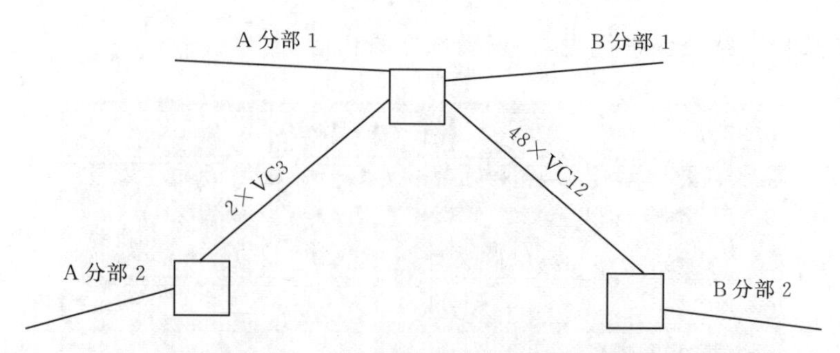

图 4－31　以太网专线业务开通实例图

◉ 内部端口　　○ 外部端口

基本属性 | TAG属性 | 嵌套VLAN | MPLS | 封装/映射 | LCAS | 绑定通道 | 高级属性

端口	TAG标识	缺省VLAN ID	VLAN(
VCTRUNK1	Tag Aware	-	-
VCTRUNK2	Tag Aware	-	-

图 4－32　以太网内部端口配置图

选择“绑定通道”选项卡，并单击“配置”，进入“绑定通道配置”对话框。在“绑定通道配置”对话框中，配置 A 公司使用的通道。选择“可配置端口”，“可选绑定通道”中“级别”为 VC3－xv、“方向”为双向，“可选资源”选择 VC4－1，“可选时隙”为 VC3－1～VC3－2。单击 » 按钮，配置的绑定通道出现在“已选绑定通道”列表下。单击“应用”。如图 4－33 所示。

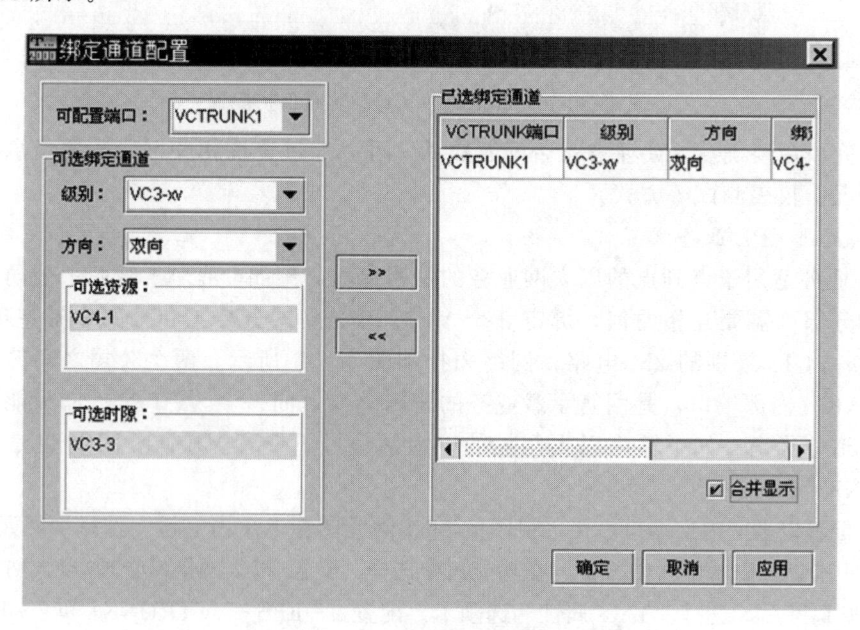

图 4－33　绑定通道配置图

继续在“绑定通道配置”对话框中，配置 B 公司使用的通道。选择“可配置端口”为 VCTRUNK2，“可选时隙”为 VC12－1～VC12－48，单击 »，配置的绑定通道出现在

“已选绑定通道”列表下。单击“确定”。

（2）配置以太网外部端口。在“以太网接口”窗口中，选中“外部端口”。在“基本属性”选项卡中设置PORT1和PORT2的参数。“端口使能”选择使能，“工作模式”选择100M全双工，“最大包长度”选择1522，其余参数使用默认值。在“TAG属性”选项卡中设置PORT1和PORT2的TAG属性。“TAG标识”选择Tag Aware，单击“应用”，完成以太网外部接口配置。如图4-34所示。

○ 内部端口　　◉ 外部端口

基本属性 | 流量控制 | TAG属性 | 嵌套VLAN | MPLS | 高级属性

端口	名称	端口使能	工作模式	最大包长度	端口物理参数	MAC环回	PHY环回
PORT1	ETHER-1	使能	100M全双工	1522		不环回	不环回
PORT2	ETHER-2	使能	100M全双工	1522		不环回	不环回

图4-34　以太网外部接口配置图

（3）配置以太网专线业务。在主视图的NE1网元图标上单击右键，选择“网元管理器”。在单板树中选择NE1的2-EFS板。在功能树中选择“配置/以太网业务/以太网专线业务”。单击“新建”，配置A公司的以太网专线业务。“单板”选择NE1-2-EFS，“业务类型”选择EPL，“业务方向”选择双向，“源端口”选择PORT1，“源端口VLAN ID”选择11，“宿端口”选择VCTRUNK1，“宿端口VLAN ID”选择11，单击“应用”。返回“操作成功”提示框，单击“关闭”。如图4-35所示。

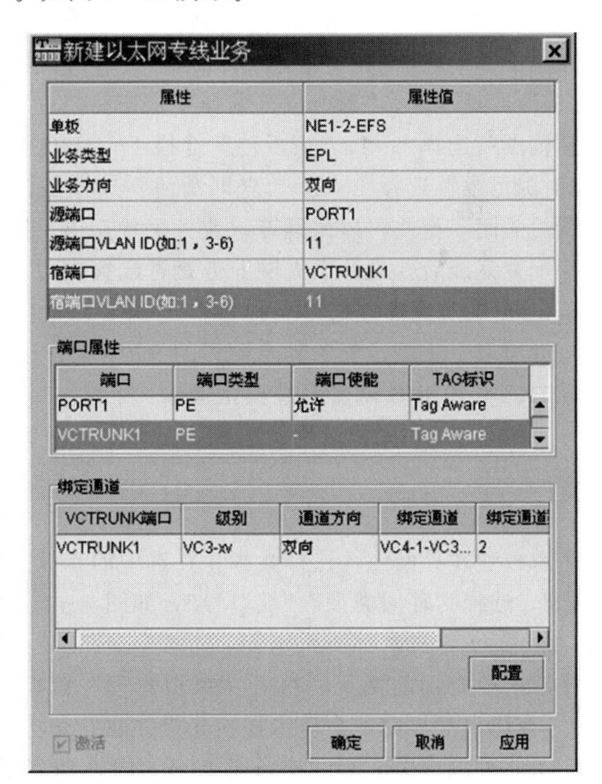

图4-35　新建以太网专线业务

单击“新建”，配置B公司的以太网专线业务。“单板”选择NE1-2-EFS，“业务类型”选择EPL，“业务方向”选择双向，“源端口”选择MAC2，“源端口VLAN ID”选择22，“宿端口”选择VCTRUNK2，“宿端口VLAN ID”选择22，单击“确定”。返回“操作成功”提示框，单击“关闭”。

同理配置其余网元的以太网专线业务。

（4）配置SDH业务。在主视图中，选择NE1。在主菜单中，选择“配置/网元管理器”。在功能树中选择“配置/SDH业务配置”，进入交叉连接配置界面。在右侧界面中，单击“新建”，弹出“新建SDH业务”对话框。在“新建SDH业务”对话框中配置以下参数：“级别”选择VC12，“方向”选择双向，“源板位”选择2-EFS-1

(SDH－1)，“源 VC4” 选择 VC4－2，“源时隙范围” 为 1－48，“宿板位” 选择 1－OI2D－1 (SDH－1)，“宿 VC4” 选择 VC4－1，“宿时隙范围” 为 1－48，“立即激活” 选择是，单击 “应用”。如图 4－36所示。

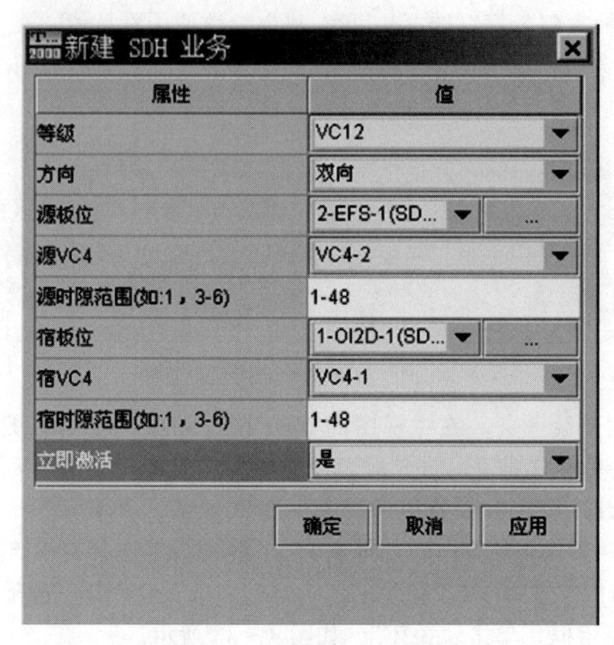

图 4－36　配置 SDH 业务图

单击 “新建”，在 “新建 SDH 业务” 对话框中选择以下参数：“级别” 选择 VC12，“方向” 选择双向，“源板位” 选择 2－EFS－1 (SDH－1)，“源 VC4” 选择 VC4－1，“源时隙范围” 选择 1－2，“宿板位” 选择 1－OI2D－2 (SDH－1)，“宿 VC4” 选择 VC4－1，“宿时隙范围” 选择 1－2，“立即激活” 选择是，单击 “确定”。系统提示创建业务成功，确认后关闭。至此，以太网专线业务配置完毕，界面中会显示配置好的业务。

配置完成后要确认以太网业务是否配置成功，可以通过查询相关网元告警信息、用户设 ping 命令验证等方式。

参照以上步骤，配置其余网元的 SDH 业务。

二、中兴 SDH 网管系统典型操作

以中兴 E300 光传输网管系统为例。中兴网管系统的维护操作内容与华为相似，操作步骤略有不同。

1. 光板自环

单板管理界面内，选择光板，在选中的光板上设置环回。右键单击光板，选择 “设置环回”，选择 “环回类型”“端口号”，如图 4－37、图 4－38 所示。

2. 光功率查看

双击要查询的网元，打开 “单板管理” 窗口，在光板上点击右键，选择 “光功率查询”，在弹出的界面中会显示当前光板的收发光功率，如图 4－39 所示。

由此可以看出该 OL16 光板 15min 内光功率的最大值和最小值。最大输出光功率为－3dBm，最大输入光功率为－14.3dBm。

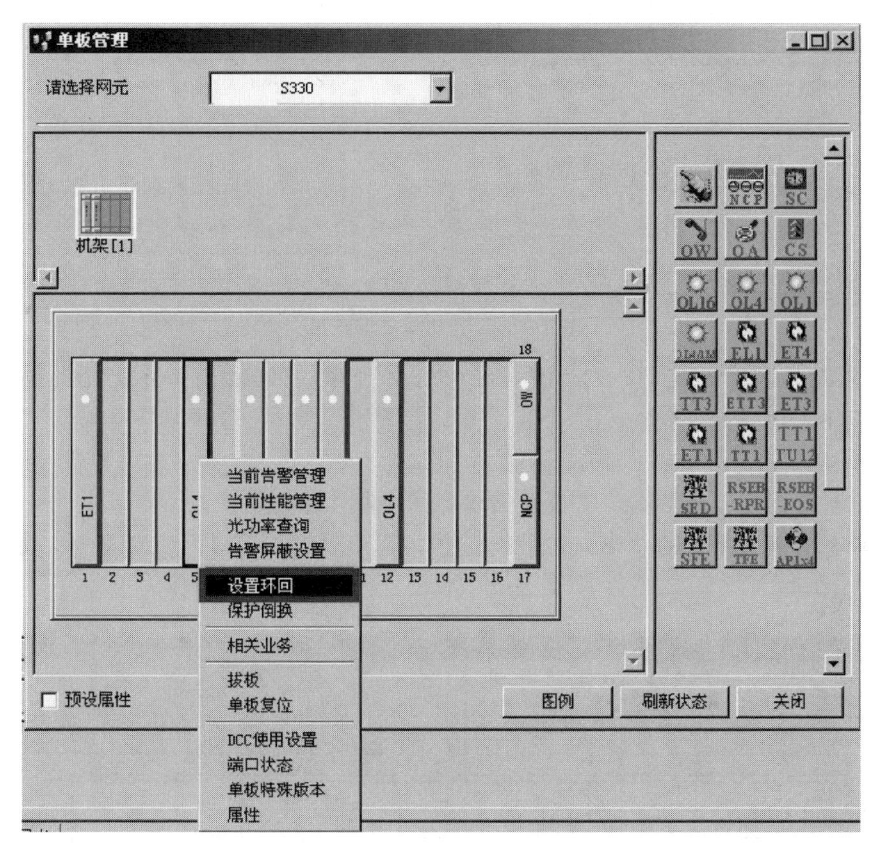

图 4-37　设置环回

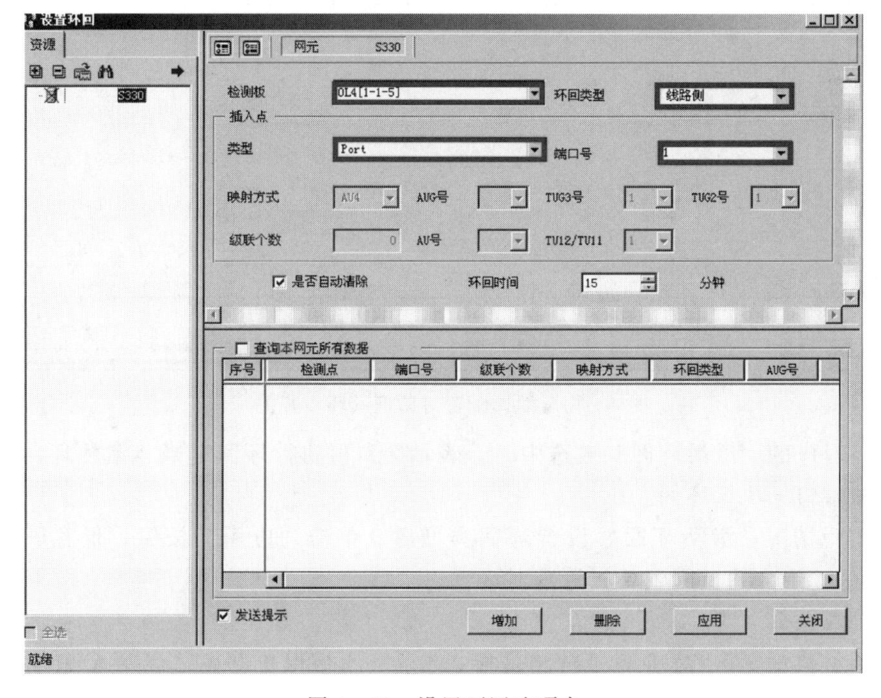

图 4-38　设置环回选项卡

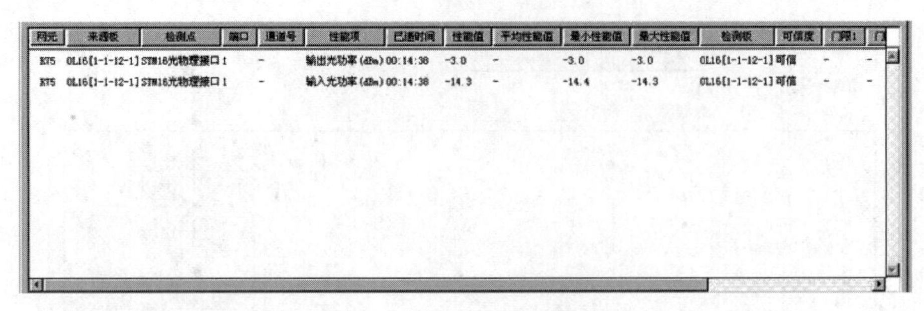

图4-39　光功率查询结果

注：在E300网管系统中，ZXMP S330 622M速率、155M速率不能用此操作查询光功率，只能用光功率计查询。

3. 2M环回

端口维护配置用于激活端口、设置端口环回以及性能门限。

单击单板右键菜单中的“端口配置”选项，弹出ATM端口配置对话框，如图4-40所示。

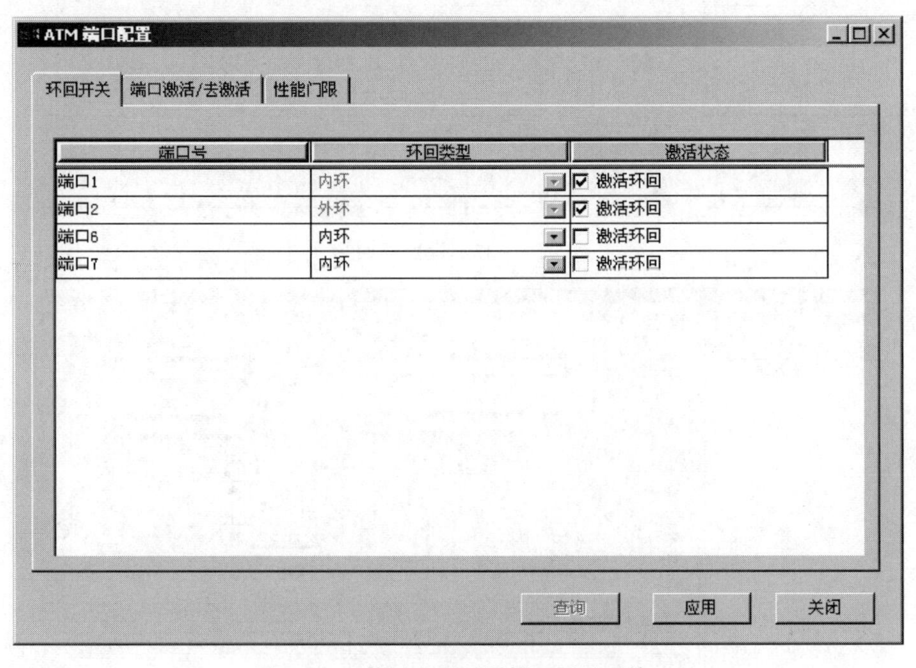

图4-40　端口配置对话框（环回开关）

当端口对应的“激活环回”被选中时，表示端口可执行环回；当“激活环回”未选中时，表示该端口不执行环回。

根据实际情况，激活环回并设置环回类型后，单击“应用”按钮，保存配置；单击“关闭”按钮，退出并返回到单板管理对话框。

4. 2M业务配置

（1）单链路配置。2M业务单链路是指2M业务不带保护路由，以网元H为例介绍配置过程。

在如图 4-41 展开配置菜单后的客户端操作窗口中，选择网元 H，并在配置下拉菜单中选择“业务配置”或单击工具条中的（业务配置）按钮，进入业务配置对话框，尚未进行时隙配置的业务配置对话框如图 4-42 所示。

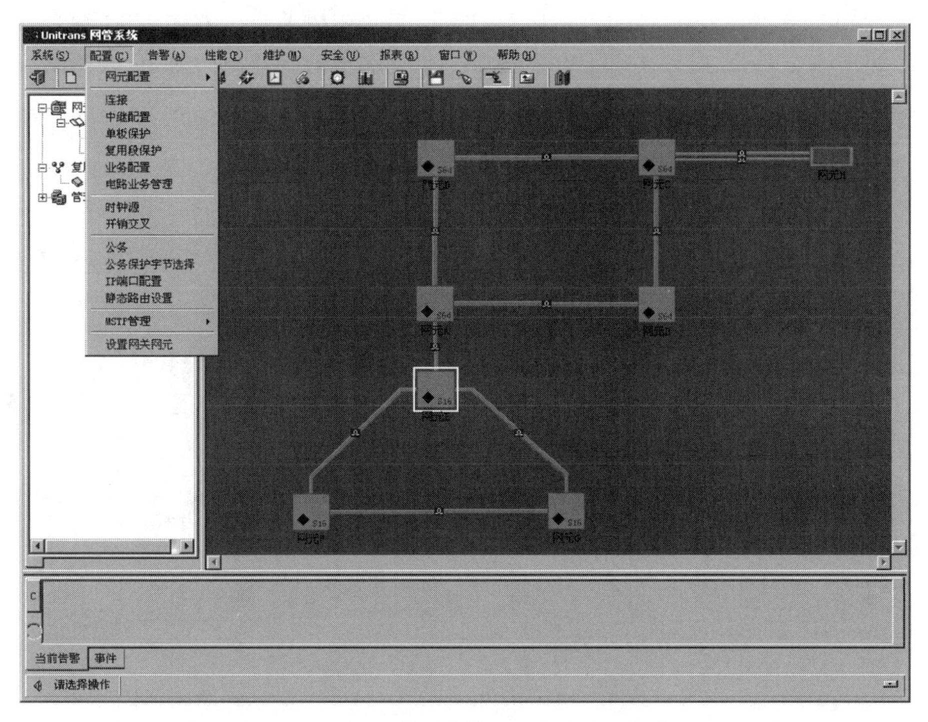

图 4-41　展开配置菜单后的客户端操作窗口

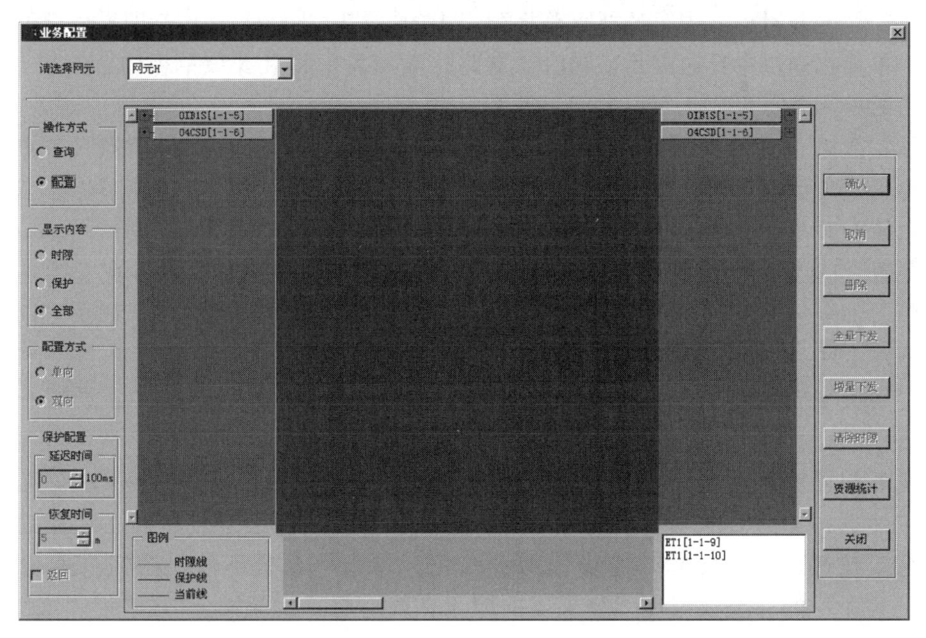

图 4-42　业务配置对话框（未配置时隙）

配置TU12-VC12级时隙交叉，业务配置对话框中“操作方式”选择框中选择“配置”，“显示内容”选择“时隙”或“全部”，配置方式为系统默认的双向。

双击左侧树中的“OIB1S [1-1-5]”，展开端口节点，双击“Port (1)”树节点，展开“AUG (1)”节点，双击“AU4 (1)”，展开TUG3树节点，双击“TUG3 (1)”，展开TUG2树节点，每个TUG2单元均按照TU12级别自动展开，如图4-43所示。

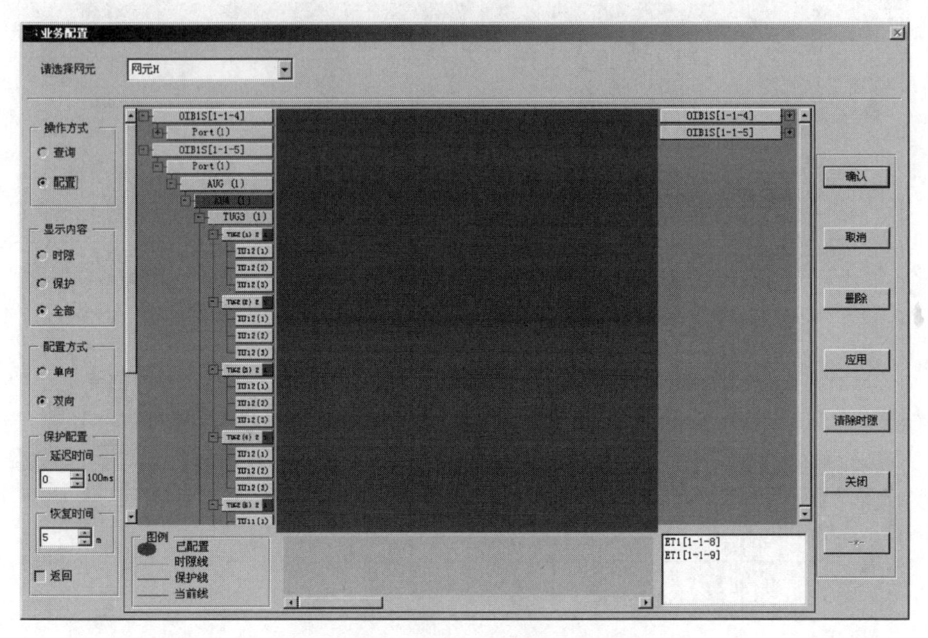

图4-43　TU12展开

在TU12展开对话框中，选择支路板列表中的“ET1 [1-1-9]”，即9号槽位的ET1板，所选单板在列表中反白显示，同时，支路时隙列表中将展开该单板的2M节点。ET1板展开后的单元节点以2M表示VC12通道。

选择左侧树OIB1S板下的TUG3 (1) →TUG2 (1) →TU12 (1) 节点，节点右侧出现黄色箭头，表示选定当前节点。单击支路时隙列表中的第一个2M通路节点，节点上方出现黄色箭头并与TU12 (1) 之间建立红色虚线，如图4-44所示。

在配置TU12-VC12级时隙交叉窗口中，单击“确认”按钮，保存配置，连线变为白色，单击“全量下发”按钮，连线变为绿色，配置命令保存至数据库，如果当前网元在线，将下发至网元NCP板，完成时隙交叉配置。

(2) 通道保护配置。通道保护配置是在单链路配置完毕的基础上，再添加一条保护时隙。

在业务配置对话框中完成时隙交叉配置后，选择“保护”或“全部”，在支路时隙列表中依然选择支路时隙列表中的第一个2M通路节点，两个节点间建立红色虚线，单击“确认”按钮，保存配置，连线变为浅绿色，单击“全量下发”按钮，连线变为蓝色，将配置命令保存至数据库，如果当前网元在线，将下发至网元NCP板，如图4-45所示。

此处配置的时隙与前文配置的工作时隙共同组成通道保护。

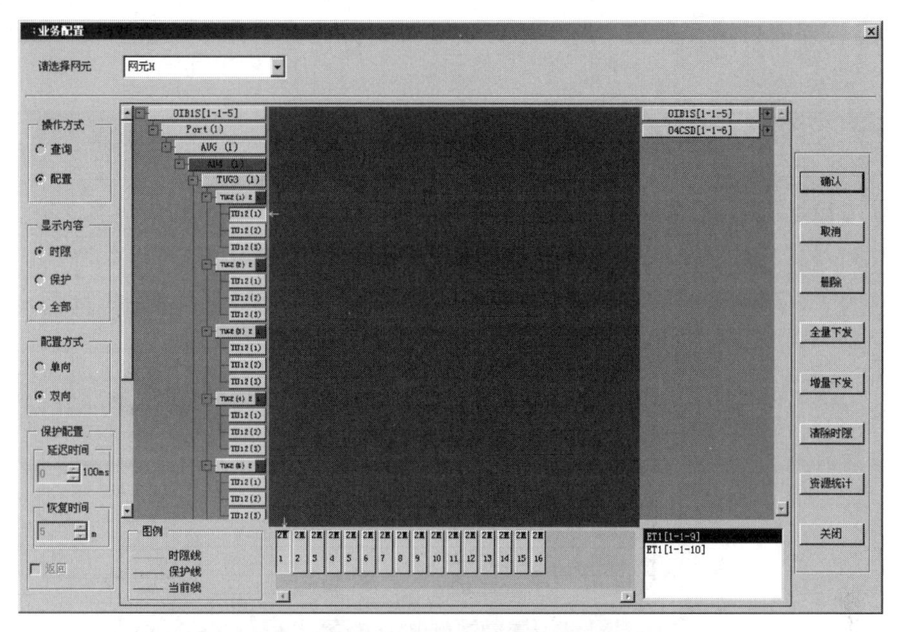

图 4-44　配置 TU12-VC12 级时隙交叉

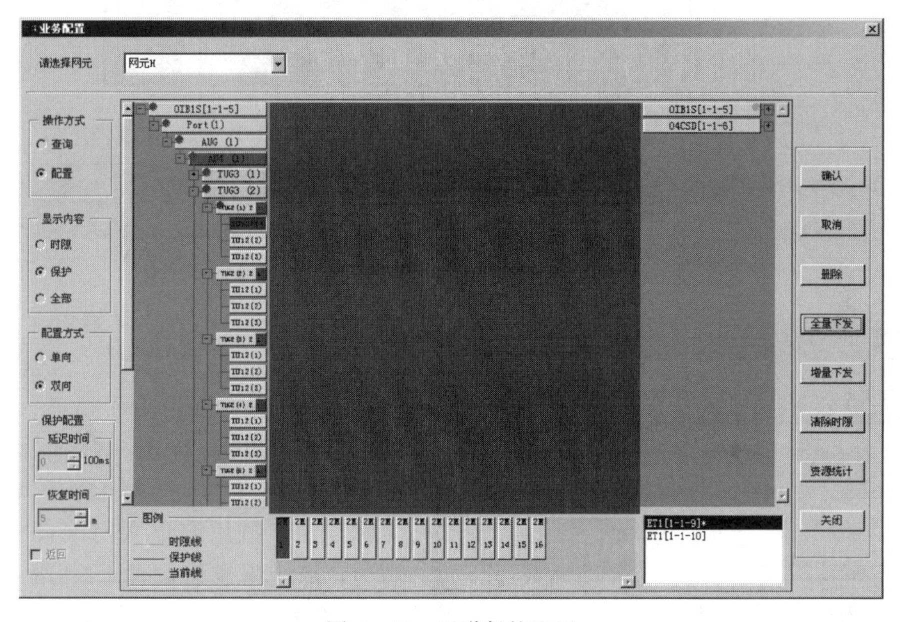

图 4-45　通道保护配置

配置完成后要确认以太网业务是否配置成功，可以通过查询相关网元告警信息、用户设 ping 命令验证等方式。

5. 以太网 EPL 业务配置

以配置 EPL 业务为例，EPL 业务属于透传业务，主要应用于点对点透明传输中。配置以太网用户端口 1 和 VCG（EOS）端口 1（系统端口 1）的 EPL 业务步骤如下：

(1) 启用端口。在 E300 网管菜单选择“设备管理”—“以太网管理”—“以太网接入适配管理”，或者右键点击单板，在弹出菜单中选择“以太网接入适配管理”，在弹出的以太网接入适配管理窗口中，点选“用户端口1”，然后点击“应用”按钮下发。如图4-46所示。

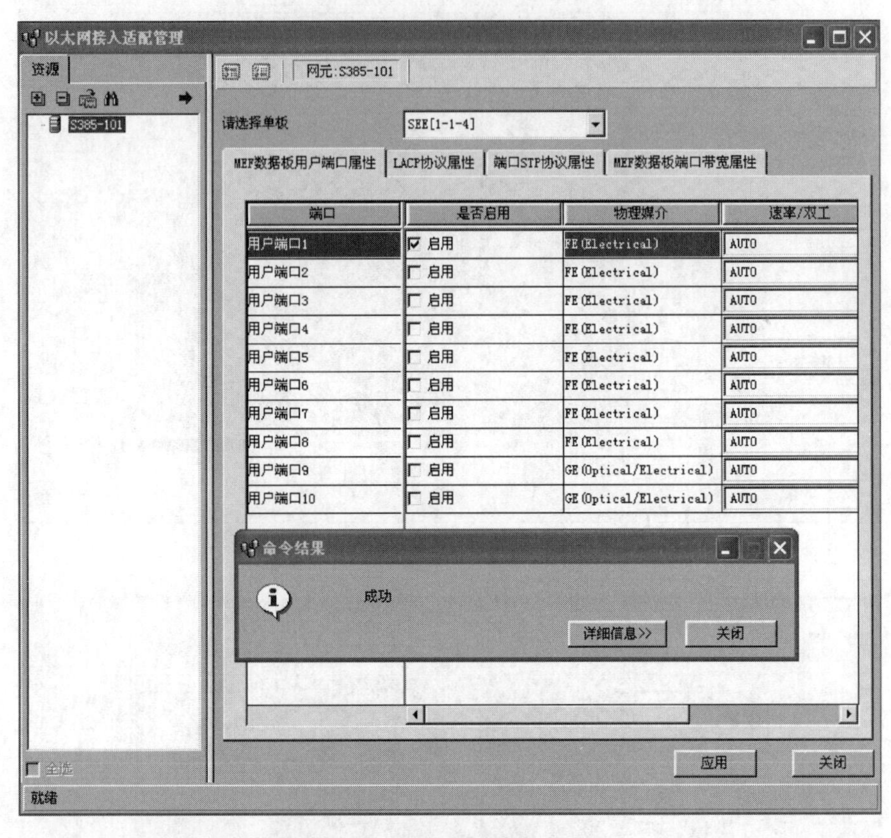

图4-46　以太网端口启用

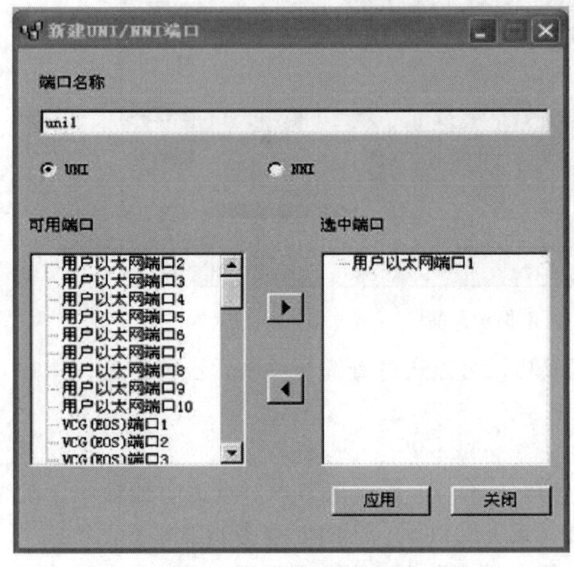

图4-47　UNI端口创建

（2）创建UNI/NNI端口。在网管菜单选择“设备管理”—“以太网管理”—“创建UNI/NNI端口”，在弹出的窗口中，点击“新建UNI/NNI端口”，在弹出的窗口中，选择UNI，输入端口名称uni1，把用户以太网端口1选中到右边，点应用按钮设置UNI端口，如图4-47所示。同理，选择NNI，输入端口名称NNI1，将VCG（EOS）端口1选中到右边，点应用按钮设置NNI端口，如图4-48所示。然后点击“关闭”按钮关闭窗口，切换到“创建UNI/NNI端口”窗口后不用修改端口属性，点击“应用”按钮下发配置，如图4-49所示。

（3）创建MFDFr业务。在网管菜单

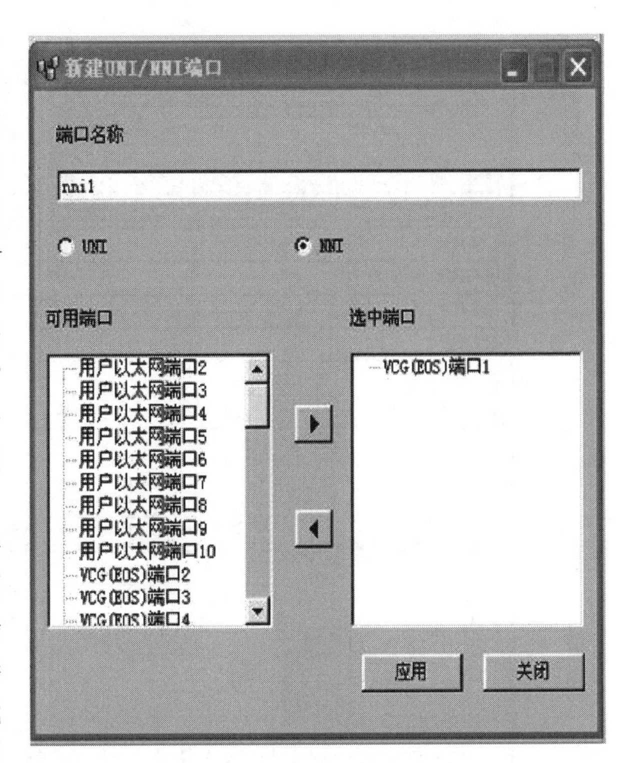

图 4-48　NNI 端口创建

选择“设备管理”—“以太网管理”—“MFDFr 业务配置”，在 MFDFr 业务配置窗口中点击新建 MFDFr 按钮，如图 4-50 所示，弹出新建 MFDFr 业务窗口，选中配置的网元以及单板，输入用户标签 EPL，选择业务类型为 E-Line，流域类型为 EPL，将 UNI (1) 和 NNI (1) 选中到右边，然后点击“确定”按钮完成配置，点击“取消”按钮退出新建窗口切换到 MFDFr 业务配置窗口，如图 4-51 所示，点击“应用”按钮下发配置。

(4) 设置端口带宽。在“以太网接入适配管理”中，选中第四个标签页“MEF 数据板端口带宽属性”，选中端口、限制类型和 QOS 属性，这三个参数一般默认，在 CIR 中输入 100000 代表 100Mb/s，点击“增加”。两个端口配置方法一样，点“应用”按钮下发配置。注意配置的时候设置的值最好比需要的大一点。如图 4-52 所示。

图 4-49　UNI/NNI 端口下发

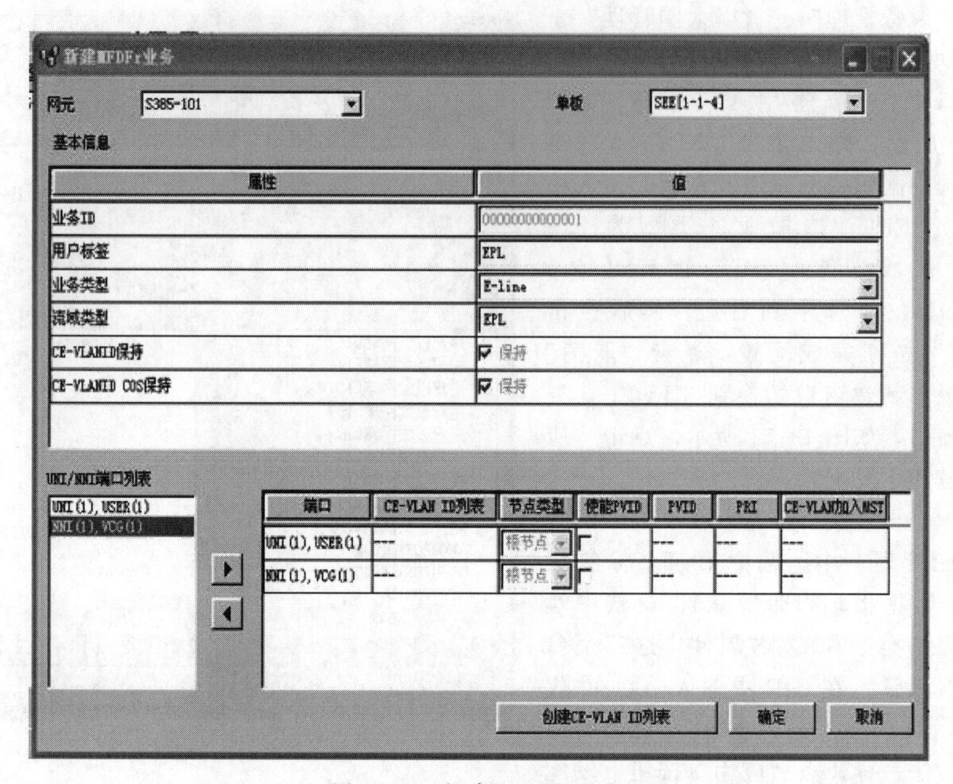

图4-50　新建MFDFr业务

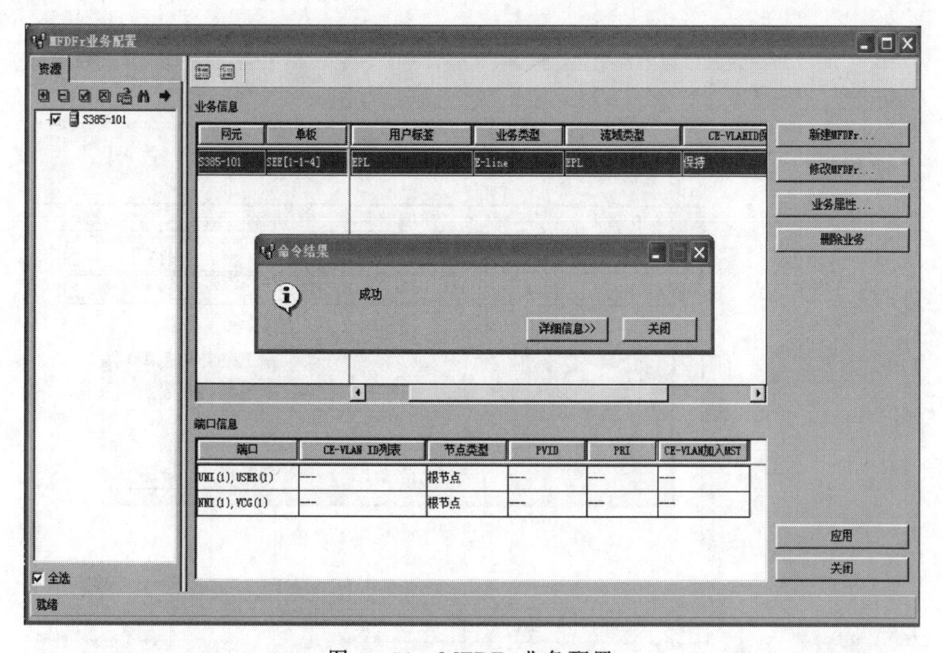

图4-51　MFDFr业务配置

（5）VCG端口容量配置。在网管菜单选择“设备管理”—“以太网管理”—“VCG

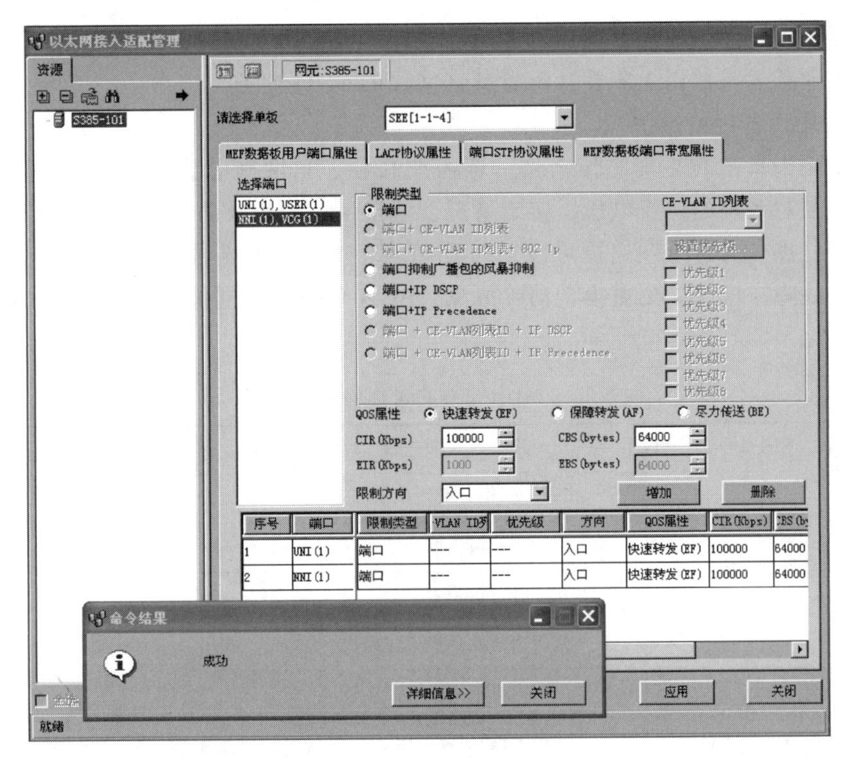

图 4-52　设置端口带宽

端口容量配置”，或者右键点击单板选择“VCG 端口容量配置”，选择配置的网元、单板和端口，配置需要的时隙类型及数量。VCG 端口 1 配置 46 个 TU12，如图 4-53 所示。

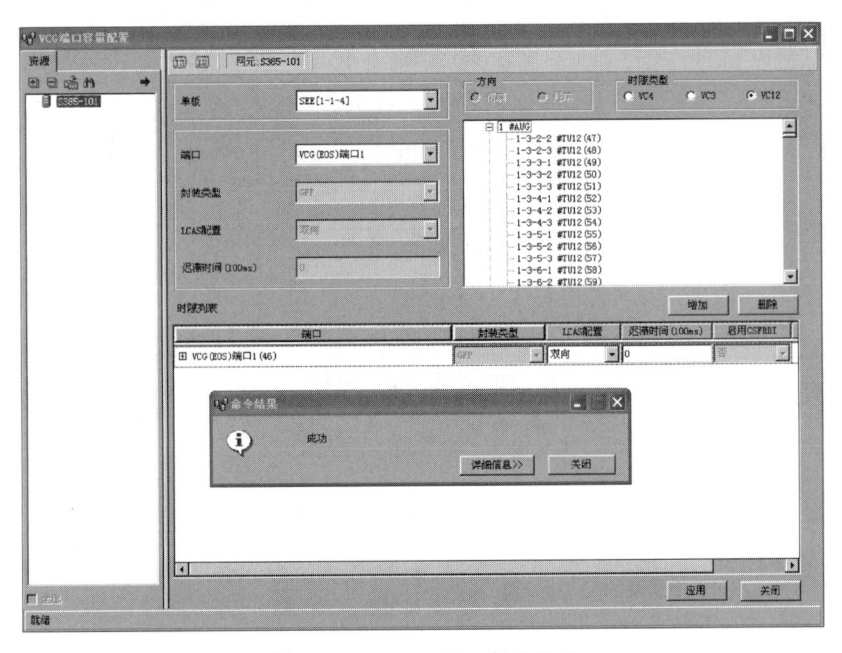

图 4-53　VCG 端口容量配置

系统提示创建业务成功，确认后关闭。至此，以太网专线业务配置完毕，界面中会显示配置好的业务。参照以上步骤，配置其余网元的SDH业务。

三、SDH设备巡检维护

变电站除去日常的巡视工作之外，还需要在春、秋两季对SDH系统制定专项巡视。上站人员需要对系统的运行电压、接地情况、温湿度、风扇及防尘网等网管系统无法观察的领域进行检查。通过专项巡检可以及时发现因环境问题所造成的安全隐患。在巡检中，若发现设备故障，应该立刻更换，消除故障。SDH设备日常巡检见表4-13，巡视周期见表4-14。

表4-13　SDH设备日常巡检表

序号	巡视类别	巡视项目	巡视状况	备注
1	设备外观检查	机柜、子架、配线段子固定		
		清洁度		
		补空板是否齐全		
		是否清洁设备机架、面板		
2	设备运行状态	机柜指示灯		
		设备实际电压		
		设备单板运行状态		
3	线缆连接状态检查	电源线连接		
		电缆连接		
		尾纤连接		
		机架、设备接地线连接		
4	设备标识标牌检查	电源开关标识		
		设备机架标识		
		接地标识		
		电缆标识		

表4-14　SDH系统巡检周期表

项目	维护项目	维护周期	备注
机房设备	有人站机房设备运行状况巡视	日	此项工作由变电站值班人员完成；值班人员应重点关注设备告警、设备温度等可以观测的直观问题
	有人站机房设备表面清洁	周	由变电站值班人员和通信专业人员共同完成，清洁时严禁误碰尾纤及2M线
	无人站机房设备运行状态巡检	月	对无人值守变电站，网管要加大对通信机房环境动力的监控力度，确保设备环境温度符合要求

续表

项目	维　护　项　目	维护周期	备　　注
机房设备	设备风扇检查和定期清洁	季	通信人员在春、秋两季应加大对设备巡检的力度，在巡检过程中对设备风扇、防尘网的灰尘进行处理
	设备带电清洁	年	由专业人员采用专业器械和清洗液对设备板卡进行带电清洗
网管系统	网管设备清洁	周	
	网管巡视	日	
	网管数据备份	月	
	网管系统时间同步	季	
	网管系统维护	月	

第五节　SDH 典型故障分析

SDH 光纤通信技术应用广泛，发展迅速。为保证光纤传输正常，必须保证网络设备正常运转，但是设备的故障在所难免，因此，必须提高网络设备的维护能力，出现问题及时解决，这样就能使其更好地为网络建设和信息传输服务。

一、SDH 光传输系统故障基本方法

1. SDH 光传输系统故障基本原则

先查找外部问题，再查找内部问题；先查找干线问题，再查找支路问题；先定位故障到单站，再定位故障到单板；先处理高阶告警，再处理低阶告警。

2. 故障处理基本手段

（1）观察分析法。系统故障一般伴有告警信息，SDH 告警查看有设备上查看和网管上查询两种方式。系统维护者可以根据设备告警指示灯闪烁频率或颜色变化及时发现故障。故障发生时，网管上会记录详细的告警事件和性能数据信息。告警信息包括告警类别、告警位置、告警数量和告警产生的时间等。通过分析告警信息，结合 SDH 帧结构中的开销字节和 SDH 告警原理机制，初步判断故障类型和故障点位置。

SDH 告警主要分为紧急告警、主要告警、次要告警。紧急告警是指网络产生了已影响到网络安全、大面积业务中断的故障，用红色表示紧急告警。主要告警是指部分业务中断或受保护的业务发生倒换的告警。主要告警可能是由于某业务单板故障或某条业务配置错误引起的，只对部分业务产生影响，用橙色表示主要告警。次要告警是指可能引起业务中断的一些故障告警，用黄色表示次要告警。

网管系统上查询告警包括当前告警浏览、历史告警浏览、当前告警统计、同步全网告警等。

SDH 设备按照告警的位置不同，可以分为线路告警、支路告警、其他告警、保护倒换告警和时钟告警。其中线路常见告警见表 4－15，支路常见告警见表 4－16，其他常见告警见表 4－17。

表 4-15　　线路常见告警

线路告警	中文名称	含义及产生原因	告警级别
R_LOS	接受线路测信号丢失	(1) 断纤。 (2) 线路衰耗过大或光功率过载。 (3) 对端站发送部分故障，线路发送失败。 (4) 对端站交叉板故障或不在位。 (5) 对端站时钟板故障	紧急
R_LOF	接收线路侧帧丢失	(1) 接收信号衰减过大。 (2) 对端站发送信号无帧结构。 (3) 本板接收方向故障	紧急
R_OOF	接收线路侧帧失步	(1) 接收信号衰减过大。 (2) 传输过程误码过大。 (3) 对端站发送部分故障。 (4) 本站接收方向故障	紧急
AU_AIS	AU 告警指示	(1) 由 MS_AIS、R_LOS、R_LOF 告警引发的相应 VC4 通道的 AU_AIS 告警。 (2) 业务配置错误。 (3) 对端站发送 AU_AIS。 (4) 对端站发送部分故障。 (5) 本站接收部分故障	主要
AU_LOP	AU 指针丢失	(1) 对端站发送部分故障。 (2) 对端站业务配置错误。 (3) 本站接收误码过大	主要
MS_AIS	复用段告警指示	(1) 对端站发送 MS_AIS 信号。 (2) 对端站时钟板故障。 (3) 本板接收部分故障	主要

表 4-16　　支路常见告警

支路告警	中文名称	含义及产生原因	告警级别
TU_AIS	TU 告警指示	(1) 业务配置错误。 (2) 对端站对应通道失效。 (3) 由更高阶告警 R_LOS 引起。 (4) 交叉板故障	主要
TU_LOP	TU 指针丢失	(1) 支路板与交叉板间接口故障。 (2) 业务配置错误	主要
T_ALOS	2M 接口模拟信号丢失	(1) 2M 业务未接入。 (2) DDF 架侧 2M 接口输出端口脱落或松动。 (3) 本站 2M 接口输入端口脱落或松动。 (4) 单板故障。 (5) 电缆故障。 (6) 交换机复位	主要

续表

支路告警	中文名称	含义及产生原因	告警级别
T _ DLOS	2M 接口数字信号丢失	(1) 2M 业务未接入。 (2) DDF 架侧 2M 接口输出端口脱落或松动。 (3) 本站 2M 接口输入端口脱落或松动。 (4) 单板故障。 (5) 电缆故障	次要
LP _ RDI	低阶通道远端接收失效指示	(1) 对端站接收到 TU _ AIS/TU _ LOP 等告警信号。 (2) 对端站接收部分故障。 (3) 本站发送部分故障	次要

注 2M 接口模拟信号丢失，在华为设备中用 T _ ALOS 表示，在中兴设备用 PDH _ LOS 表示。

表 4-17　　其他常见告警

其他告警	中文名称	含义及产生原因	告警级别
PS	保护倒换指示	(1) 发生保护接地。 (2) 单板参数设置有误	主要
APS _ INDI	复用段保护倒换指示	(1) 支路板与交叉板间接故障。 (2) 业务配置错误	主要
SYN _ BAD	同步源劣化	所跟踪的同步源指标质量变坏	主要
POWER _ FAIL	电源故障	(1) 电源板开关未打开。 (2) 电源板失效。 (3) 时钟板故障或不在位	主要

(2) 环回测试法。当组网、业务以及故障信息非常复杂时，用观察分析法无法判断故障原因，不能解决问题。系统维护者可以利用环回判断故障点和故障类型，它的优点在于不需要对告警和性能做太深入的分析，缺点是会影响业务，一般在业务量小的时候使用。

环回是指信息从网元的发端口发送出去再从自己的收端口接收回来的操作。环回包括硬件环回和软件环回。硬件环回是指人工用光纤或自环电缆对光口或电口进行环回操作，包括光口环回和电口环回，光口环回是指在 ODF 架上用尾纤进行环回，电口环回是指在 DDF 架上用 Y 型插头进行环回。软件环回是指通过网管设置环回，包括内环回和外环回，如图 4-54 所示，内环回指执行环回后的信号流向本 SDH 网元设备内部，外环回指执行环回后的信号流向本 SDH 网元设备外部。

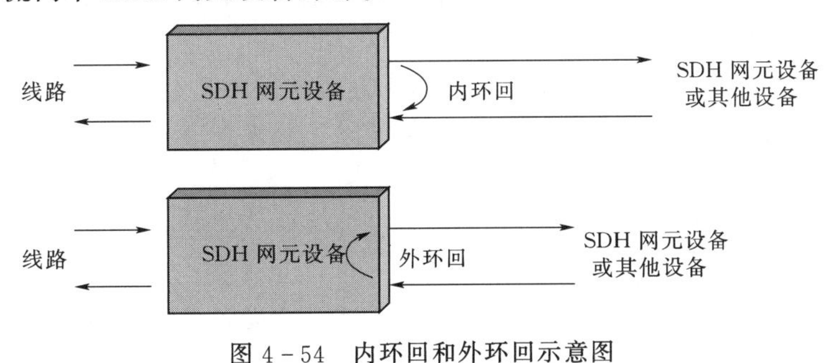

图 4-54　内环回和外环回示意图

(3) 插拔法。当发现某种电路板有故障时，系统维护者可以通过插拔电路板和外部接口插头的方法，排除因接触不良等原因产生的故障。在插拔时，系统维护者要注意遵循单板插拔的操作规范，以免导致其他问题甚至损坏板件。

(4) 替换法。当用插拔法不能解决问题时，可以考虑替换法。替换法就是使用一个正常的备件去替换一个被怀疑工作不正常的元件，从而实现故障的定位和排除。备件可以是一段线缆、一块单板或一端设备。

(5) 配置数据分析法。通过开销字节配置及状态分析、更改交叉连接等手段对告警进行辅助判断和处理的故障排除方法。

(6) 更改配置法。重新配置时隙、板位、单板参数。适用于故障定位到单个站点后，排除由于配置错误而导致的故障。更改设备配置之前，一定要将原有配置备份，并详细记录操作过程，以便于故障定位和数据恢复。

(7) 经验处理法。在一些特殊的情况下，故障可能没有伴随任何告警，检查各单板的配置数据可能也是完全正常的。经验证明，在这种情况下，系统维护者通过复位单板，网元掉电重启，重新下发配置或将业务倒换到备用通道等手段，可以有效、及时排除故障、恢复业务。

二、典型故障处理

(一) 传输 2M 业务故障

【故障现象】

某链形组网如图 4－55 所示，业务为各站至 1 号站。某日，发现 1 站点 1 槽位 PQ1 单板部分通道上报 TU－AIS 告警，4 站点相应业务通道出现 LP－RDI 告警，4 站到 1 站相应业务中断。传输网上无其他高阶告警。

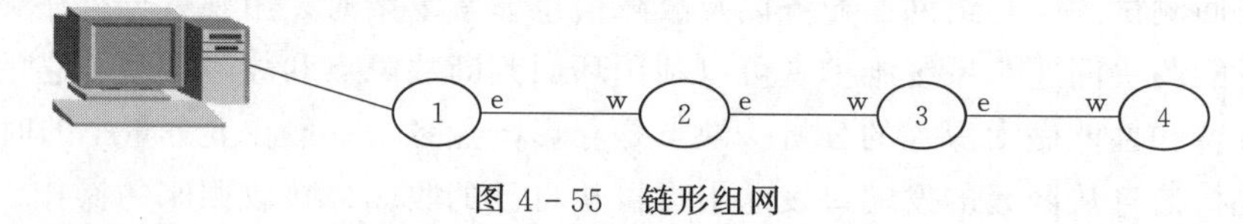

图 4－55　链形组网

【排查过程】

(1) 由于出现 TU _ AIS 告警，可以排除交换侧问题，初步判定是对端站对应通道失效原因所致。

(2) 没有光路告警，基本可以排除光纤问题。

(3) 2 站点、3 站点到 1 站点的业务没有问题，且 2 站点、3 站点无告警信号。根据告警情况分析，故障最可能出现在 3 站点和 4 站点之间。

(4) 通过环回测试来定位故障站点，从右向左依次环回，4 站点西向（w 向）环回后告警仍然存在，3 站点东向（e 向）环回后告警消除。最终判定 4 站点西向 2M 板故障。

(5) 维护人员到 4 站点换板，解除故障。

(二) AUX 硬件故障

【故障现象】

OSN1500 设备加电入网运转正常后。某日，该传输设备无法发现 6 槽位 R1SLQ1、7 槽位 R2PD1 单板，传输网管上对应第 6 和第 7 槽位显示为“未安装”态，其余单板状态正常。

【排查过程】

(1) 维护人员在机房测试室内温度为26℃，湿度正常；检查设备接地线连接正常；用万用表测试设备输入口电压为－48.4V，正常。初步判定电源及外部环境因素正常。

(2) 拔插复位6、7槽位的R1SLQ1、R2PD1单板，网管系统上观察，设备仍然无法发现该两块单板，而两块单板同时与背板之间出现通信异常概率极小，初步判定这两块单板与背板之间的通信正常。

(3) 先后更换了该两块单板（R1SLQ1、R2PD1），故障现象依旧，判定原先的单板正常。

(4) 检查AUX单板，发现AUX单板螺纽松动，AUX单板未能插紧，重新拔插了AUX单板，待AUX工作正常后，传输设备成功搜寻发现R1SLQ1、R2PD1单板，网管配合人员在传输网管系统侧添加单板后，显示工作状态正常。因此判定为AUX板与背板之间的通信异常引起。

(三) 光口松动故障

【故障现象】

220kV变电站A（A站）到220kV变电站B（B站）保护业务中断，A站-B站距离保护和纵差保护失效，SDH网管告警信息为：A站、B站光口LOS告警。

【排查过程】

(1) 维护人员携带仪器仪表、备品备件上站进行故障排查，分别到达A站和B站现场，A站人员使用OTDR测试两站点之间光缆无问题。

(2) 现场人员分别对连站点的尾纤进行测试，均无问题，

(3) 对光口自环，A站侧自环依然告警，B站侧光口正常。

(4) 先对B站的光口进行拔插，自环后设备告警消除；再对A站的光口进行拔插，自环后设备告警消除，光口恢复正常。

(5) 省信通公司通信调度协同现场运维人员将该变电站保护通道恢复。

故障原因即A站传输设备光口松动造成相应的保护业务中断，这暴露出日常运维巡检中忽略了对通信设备容易松动的接口部分的检查。

第五章 PCM 设备运维

在通信事业飞速发展的今天，电力专网对语音业务和数据业务的需求日益增加，因而采用集话音、数据于一体的接入网技术已成为当今现代通信网络发展的新热点。

通信PCM设备是电力通信网中重要的接入设备，它是调度交换机、行政交换机及自动化数据与传输网络的接入点，连接包括各供电所、变电站、调度中心等机构在内的通信专网，其主流组网技术采用SDH传输和PCM接入实现全网的业务接入和传输。不仅承担着电力系统的生产指挥和调度，同时也为行政管理和自动化信息传输提供服务。

第一节 PCM 技术概述

一、PCM在电力系统中的应用

通信PCM设备是为变电站以及客服中心等基层单位提供行政电话、调度电话、客服电话、会议电话、电量采集电话、自动化信号和设备监控信息的一种通信传输设备。

PCM技术将模拟信号经发送放大、抽样、量化、编码转成标准的数字信号，同时，可以将收到的数字信号经再生、解码、解调和低通滤波之后，还原成原来的模拟信号。PCM编码解码过程如图5-1所示。

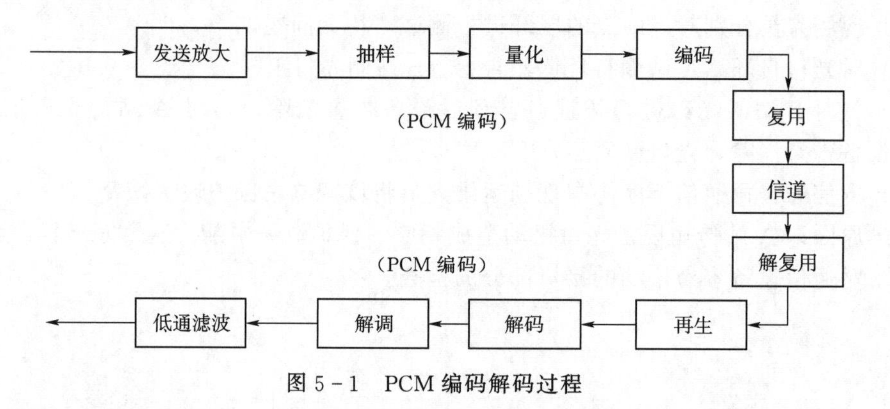

图5-1 PCM编码解码过程

PCM设备能够将低速业务转换成数字信号，提供时隙交叉功能和各种标准接口，并能将30路64kbit/s通道复接成2Mbit/s，因其具有规范和灵活的接口、智能化程度高等特点，同时PCM支持来电显示，提供反极信令用于实时计费，通俗来讲，我们熟悉的调度自动化远动2/4W接口、电话语音FXS接口、抄核收RS232接口均是通过PCM处理成2M数字信号，然后通过SDH传输设备复用成STM-N信号，在局端再还原成2M落地。在图5-2中所示的电力系统通信专网，采用SDH传输和PCM接入作为主流组网技术，连接各发电厂、供电所、变电站、调度控制中心等机构，不仅承担着电力系统的生产指挥和调度，同时也为行政管理和自动化信息传输提供服务。

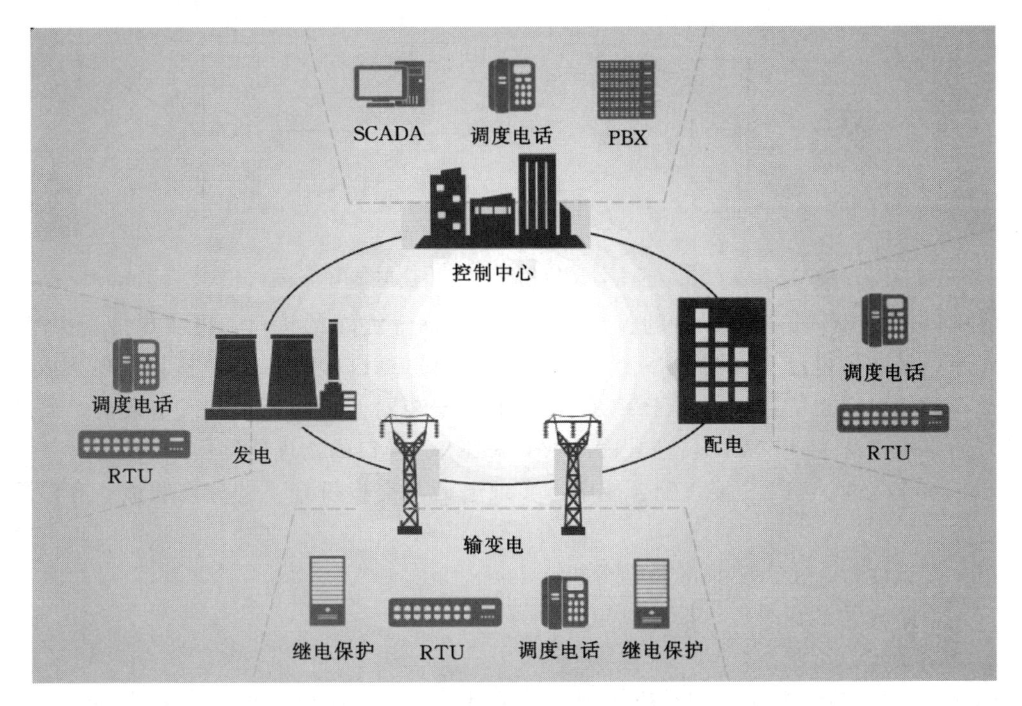

图 5-2 电力系统中 PCM 技术应用

PBX—程控交换机；RTU—远程测控装置；SCADA—数据采集与监视控制系统

二、PCM 设备承载的主要业务

电力通信系统中 PCM 设备承载的主要业务可分为话音业务、专有业务和调度系统业务，能提供丰富的语音接口和齐全的数据接口。其中语音接口包括 FXS 交换用户模拟接口、FXO 交换局模拟接口、环路中继接口、计费电话（极性反转）接口、E&M 中继接口、2/4 线音频接口、磁石接口、热线接口等；数据接口包括标准的 E1 接口、64K 同向数据接口（G.703）、低速数据接口（RS232/485/422）、N×64K 同步数据接口（V.35）、10BaseT 以太网接口等。PCM 接入业务及端口见表 5-1。

表 5-1　　PCM 接入业务及端口

业务类型	业务名称	业务接口
话音业务	调度电话 生产管理电话	FXS、FXO、E&M
调度系统业务	调度自动化 电能量计量系统	RS232、E&M、V.35 RS232、E&M
专有业务	继电保护	N×64K，G.703

（一）语音业务

1. 传统话音

行政电话往往采用图 5-3 示意的连线方式，图中右侧的终端话机距离电话交换机 PBX 距离较远时，可通过传输设备拉远，这就是 Z 接口延伸。

图 5-3 Z接口延伸在网拓扑示意图

其中，FXS接口是接入设备的板卡上提供给电话等终端的接口，可实现传送拨号音、电池电流以及响铃电压等；与FXS接口相辅相成的是FXO接口，FXO接口是电话或传真机，或者模拟电话上的接口，由于FXO接口附着于装置上，如传真机或电话机，因此这种装置通常也被称为“FXO设备”。FXS接口和FXO接口的物理连接器为RJ11。

FXO接口必须与FXS接口配合使用，实现电话与交换机挂下的分机通话。有以下两种应答方式：

(1) 接调度台，由人工话务员转分机。

(2) 话路自动语音服务，按分机号。

2. 热线电话

图5-4中的热线电话指的是摘机即通的电话，不需要拨号，就能自动地接通预定的被叫用户（局端），也叫“立即热线”。只能实现点到点通话，不经过程控交换机交换，每时每刻处于接通状态，专供给定的两用户使用。在电网中，电力调度电话、各站端到电力调度中心的电话即属于热线电话。

图 5-4 热线电话在网拓扑示意图

3. 计费电话

极性翻转：通过电话2线正负电平的转换来判断用户摘、挂机，并通知计费服务器，从而完成计时、计费功能。

电话线有AB两根线，平时正常状态为－48V电压，即馈电电压。当具备极性翻转的话路接通时，AB线上电压的极性会互换，如果在接通前是A正B负，那么在接通时主叫立即变为B正A负，由交换机进行切换，时间非常精确且完全准确。当通话结束时刻，交换机会再进行一次极性翻转，所以通过极性翻转监测，就可以精确地知道一次通话的开始和截止时间。RC3000-15-FXS语音卡上面对于每一路都具备极性翻转检测电路，能够实现对极性翻转进行检测。

例如，A呼叫B，B振铃，B用户摘机，此时话路接通，A用户2线正负电平反转；B用户挂机，通话结束，A用户2线正负电平再次反转。这2次极性反转时间间隔即为此次通话时间。

4. 局端中继

2W 表示采用 2 线方式的语音线，其中两根话音收发在同一线对内进行；4W 表示采用 4 线方式的语音线，其中话音收发线各一对；E、M 为控制线，E（Ear）线用于接受控制信号，M（Mouth）线发送控制信号。

图 5-5 中，2/4 线音频 E&M 中继接口主要用于 PBX 交换机之间的对接，实现两个局端电话中继传输的连接，也就是信令和语音的中继。

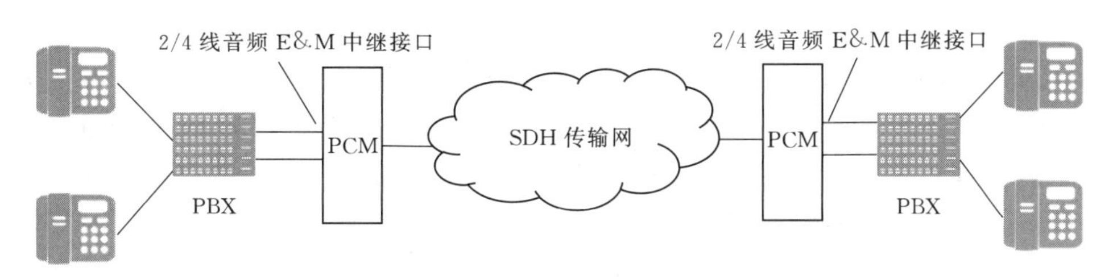

图 5-5 信令和语音中继网拓扑示意图

但是目前的交换机都支持直接出 2M 接口连接到本地传输设备的 2M 用户板，所以图 5-5 中所示的中继连接并不常见。

5. 模拟远动信号

在电力系统中，RTU 远程终端控制装置的接口通常是 RS232 这类的低速串口，这些串口的传输距离通常只有几十米。由于单独设置一台传输设备的成本太高，因此采用外置一个 MODEM 把 RTU 数字信号转换为语音模拟信号进行传递，将传输距离增加到 5km 以上，如图 5-6 所示。

图 5-6 2/4 线音频应用于远程信息传递

（二）数据业务

1. V.24——64K 数字信号

码速调整及数据采集，提供 64K 同步或异步数据传输。此业务在电力通信中应用广泛。RC3000-15-8V.24 板提供 8 路 V.24 接口（同步 RS232），每路带宽可调 64K、128K、256K。

数字远动信号传输：目前用异步 RS232 串口接入来承载较为常见。

2. V.35——N×64K 同步数字信号

码速调整及数据采集，提供 N×64K（N=1～30）速率的同步数据传输。业务终端可连接路由器等具有 V.35 接口的网络设备。但是目前在电力系统通信中，V.35 业务使用较少。

（三）专有业务

64K 同向业务广泛应用在电力行业的继电保护装置上，此时需要专用的 G.703 64kbit/s 同向接口传送，如图 5-7 所示。

图 5-7　同向接口用于传送继保业务

三、组网结构

根据电力通信系统生产业务特点，PCM 设备在电力通信系统中主要以星形结构应用为主，即站端 PCM 设备与中心站 PCM 设备成对出现，完成场站端 PCM 业务的传输。PCM 组网结构中有一个特殊的节点（又叫中心节点或枢纽点）与其他所有节点都有直达的路由相连，而其他节点相互之间无直达路由相连时，就形成星形拓扑结构，又称枢纽形拓扑结构。这种网络拓扑中，枢纽点作为多个 PCM 的传输终点，具有灵活地综合管理带宽资源的能力，使投资和运营成本得到很大节省。但枢纽点具有潜在的带宽资源瓶颈和设备失效导致整个网络瘫痪这两大问题。PCM 星形网络拓扑结构如图 5-8 所示。

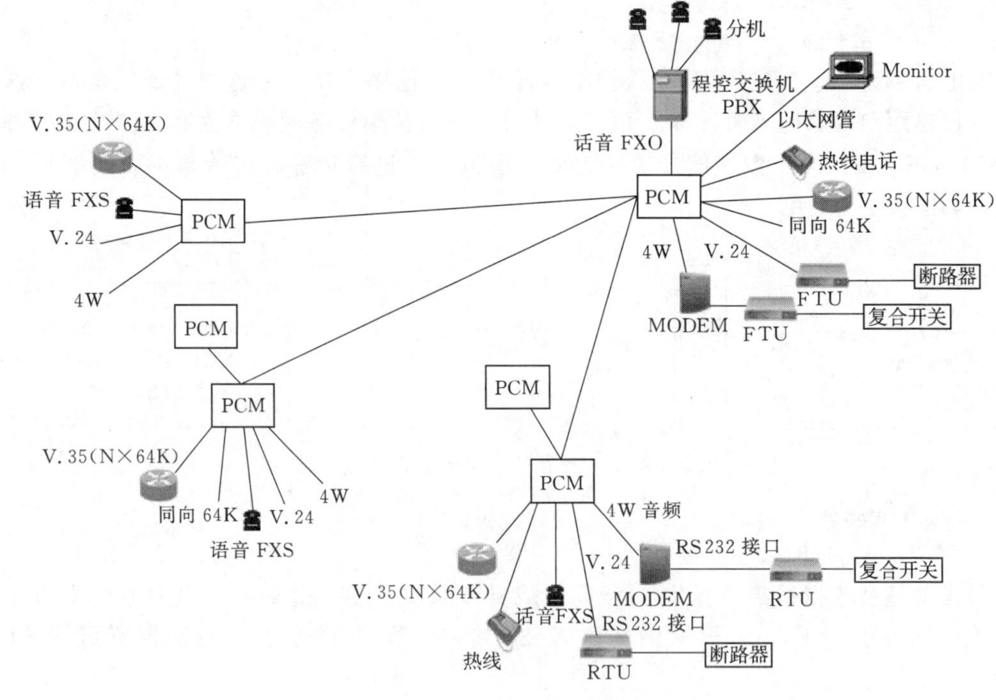

图 5-8　PCM 星形网络拓扑结构图

第二节　PCM 硬件组成

一、设备主机

PCM 复用接入设备是采用大规模数字集成电路和厚薄膜工艺技术而推出的高集成度单板 PCM 基群复接设备，每一个标准基群即 2M 传输通道可以直接提供 30 路终端业务接口。类型多样的用户接口（包括语音、数据、图像等）均以小型模块化部件方式装配在母板上，各种用户模块可以混合装配，不同厂家的主机结构和命名规则略有不同，图 5－9 分别是华为 FA16 型 PCM 和迅风 BX10 型 PCM 子架外观。

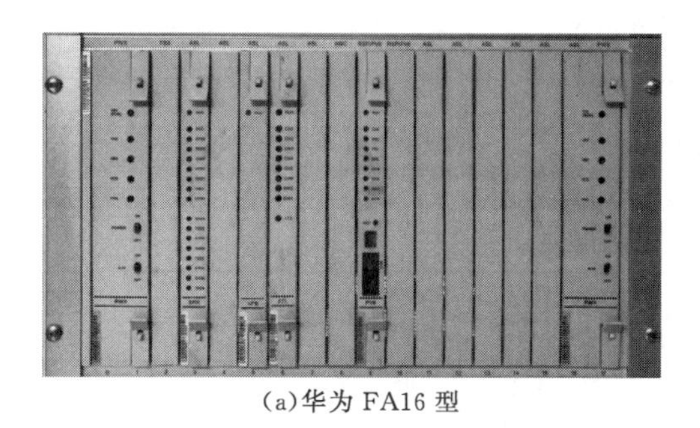

(a)华为 FA16 型

(b)迅风 BX10 型

图 5－9　PCM 子架前视图

本节以华为 FA16 型 PCM 为例，介绍 PCM 的硬件组成。

FA16 型 PCM 从业务功能实现上分为主控单元和用户单元。业务由相应的主控板和业务板实现，安插在主控框/扩展框槽位上，系统对外物理接口一般由各机框的背板提供。

子架共有 18 个槽位，编号为 0～17。典型的配置方式有两种：远端站用户框和中心用户框，如图 5－10 和图 5－11 所示。用户接口单元为全兼容槽位，可以安插任何提供的用户接口板，当所需用户接口较多而在一框中无法安排时，可增加扩展框。

电源	电源	用户测试	用户接口单元					电平转换	主控处理	主控处理	用户接口单元					电源	电源
0	1	2	3	4	5	6	7	8	9	10	11	12	13	14	15	16	17

图 5－10　远端站用户框配置板位图

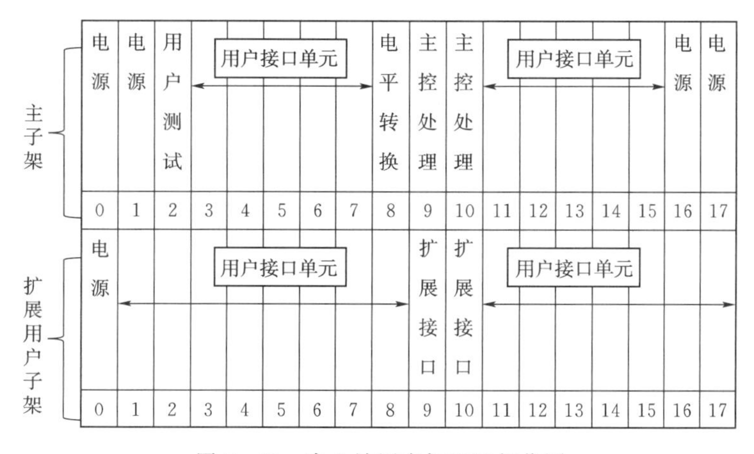

图 5－11　中心站用户框配置板位图

二、机架和板卡

华为 FA16 主机由母板插框、中央控制单元板卡和用户接口单元板卡组成，见表 5-2～表 5-4。

表 5-2　母板插框

序号	板卡名称	板卡说明
1	HGB	19 英寸标准用户框
2	HIB	远端用户扩展框

表 5-3　中央控制单元板卡

序号	板卡名称	板卡说明
1	PV4	4×E1V5.2 协议处理主控板
2	PV8	8×E1V5.2 协议处理主控板
3	RSP	远端用户处理板/扩展接口板
4	HWC	HW 电平转换板
5	TSS	用户电路测试板
6	PWX	用户框二次电源板

表 5-4　用户接口单元板卡

序号	板卡名称	板卡说明
1	VFB	8 路/16 路音频接口板，2/4 线音频接口板
2	CDI	16 路环路中继接口板，直接拨入用户接口板，POTS FXO 接口
3	ASL	16 路模拟用户板，POTS FXS 接口
4	DSL	8 路数字用户板，ISDN 2B+D U 接口
5	ATI	6 路 2/4 线 E&M 接口板
6	SRX	5 路子速率数据接口板，V.28、V.24 接口

1. 母板插框

(1) HGB。HGB 母板插框是 19 英寸标准用户框，共 18 个槽位。RSP/PV8 用户框母板，可插 RSP 或 PV8，但不能混插。

(2) HIB。HIB 母板插框是 RSP 框母板，最多配 14 块用户板，只能配 1 块二次电源板，无 TSS 槽位。

2. 中央控制单元板卡

(1) PV4/PV8。PV4/PV8 板是 V5.2 协议处理主控板，也称为窄带主控板，完成同框窄带单板的控制，并提供窄带业务上行 E1 接口、窄带的交换资源及工作时钟。主控板通常成对使用，两块单板以主备方式工作，提供双网双机热备份，保证系统工作安全可靠。但 E1 接口无主备用功能，使用两块单板时，提供的 E1 接口增加一倍。

每块 PV8 板提供 8 个 E1 接口、8 条本框 TTL/HW 接口、32 条扩展差分 HW 接口。PV4 板与 PV8 板功能和性能指标均相同，可提供系统通信控制和数字交叉控制，具有 E1 接口和系统定时功能，区别主要在于 PV4 仅提供 4 个 E1 接口。

通过 E1 接口，PV4/PV8 可以和本地交换机（LE）、OLT 或 ONU 进行对接或级联。

（2）RSP。远端用户处理板/扩展接口板，即 PV8 扩展框中的中央处理单元。主要功能是提供业务承载通道，对本框中的用户板进行管理以及提供远端主节点的功能。无 E1 接口，通过差分 HW 与 PV8 相连。

（3）HWC。即 HW 电平转换板，实现 HW 信号的 TTL 电平与差分电平的双向转换，即把 PV8 板的 TTL 电平转换为差分电平的 HW 信号，送给扩展框的 RSP 板，可提供 32 对差分 HW，只能插在第一块 PV8 板的左边。

（4）TSS。用户电路测试板，一个 PV8 系统只配置一块 TSS 板，插在电源板之后。

（5）PWX。用户框二次电源板，每板提供 10V 工作电流和 15W 铃流。

3. 用户接口单元板卡

（1）VFB。VFB 板为 16 路普通音频接口板，提供 2/4 线音频功能。每板有 16 路 2 线端口或者 8 路 4 线端口（一个 4 线端口由两个相邻 2 线端口组成），没有馈电、振铃、摘挂机检测等功能。该板与普通用户板槽位兼容。

VFB 板支持 600Ω 和 1650Ω 两种接口阻抗。在软件改变接口阻抗的同时，单板上的拨码开关也要相应改动。CB02VFB 板上每两路共用一个双路拨码开关，共有 8 个双路拨码开关，控制 16 路的接口阻抗。因此，若要改变接口阻抗，在改变描述表的同时，再改动对应路的拨码开关即可。拨码开关“ON”态为 600Ω 阻抗，“OFF”态为 1650Ω 阻抗。

（2）CDI。CDI 板由 16 路直接拨入用户接口板实现模拟用户端口传输。该板与 ASL 板槽位兼容，和 ASL 使用相同的电缆。

该板利用 CDI 端口和 ASL 端口之间的数模转换、透明传输和主机的信令处理，可以实现外接的其他交换机的模拟用户端口在华为 HONET 系统内部的透明延伸。同时，作为外围交换局侧接口（Foreign Exchange Office，FXO），与外围交换用户侧接口（Foreign Exchange Subscriber，FXS）配合使用，可实现接入网 POTS（Plain Old Telephone Service）用户到本地交换机（LE）的模拟接入，FXS 接口由 ASL 板提供。

（3）ASL。ASL 用户板可实现 16 路模拟用户线的 BORSCHT 功能（馈电、过压保护、铃流、监测、编译码、混合和测试），即可外接 16 对用户线。其中第 8、9 路可以实现反极功能，还可以实现接口阻抗、接口电平等指标的软件可调，在不改动硬件的情况下 A/μ 律的编码和解码也可任意选择，可以满足不同地区不同用户的需要。

（4）DSL。DSL 用户板提供 8 路 2B+D 数字用户接口，需要配置 16 路用户电缆。

（5）ATI。ATI 板即模拟中继接口板，与用户板槽位兼容，可提供 6 路 2/4 线 E&M 接口。

ATI 板通过接入网半永久连接通道与对端 ATI 板连接，当信令信号变化时，占用信道通过编码把信令发送到对端，对端 ATI 板检测接收到的信令编码后，控制本板对应的接口做相应的信号输出，平时接口占用信道资源。从而完成 ATI 板对信令信号和话路信号的透明传输。

（6）SRX。SRX 板是接入网系统的子速率数据接口板，可提供 5 路子速率数据端口，其速率包括 2.4kbit/s、4.8kbit/s、9.6kbit/s、19.2kbit/s 和 48kbit/s，5 路端口共享一个 64kbit/s 的时隙。采用 V.28 或 V.24 接口，该板与普通用户板槽位兼容。

第三节　PCM 在电力专网中的典型配置

电力专用通信网承担着为电力系统的生产指挥和调度、行政管理和自动化传输提供服务的重任，既需要支持调度电话和行政电话这两种基本的语音通道，还要求支持远动、SCADA 实时数据通信等业务，这正是 PCM 在电力专网中典型的电话业务和调度自动化 101 业务。本节以华为 FA16 型 PCM 设备为例，在各个网元开局工作已经完成的情况下，介绍使用 FA16 型网管系统进行 PCM 典型业务配置。

FA16 型网管系统严格遵循 ITU - T TMN 有关标准，采用基于局域网（LAN）客户机/服务器方式的开放式体系结构，以全中文 Windows 图形界面支持多种系统维护能力。FA16 型网管系统在逻辑上可划分为接入网维护系统、接入网数管系统、接入网告警系统、接入网测试系统等。

一、电话语音业务

电力生产场所的电话语音业务特指调度电话，由调度总机、传输信道（包括配套设备）和分机组成。总机和所有分机并接在一对共用回线上，是集中式多点专用系统，电话接口采用局端 FXO/站端 FXS。

光纤通信进入电力系统以后，数字通道代替实回线实线电话业务是用户的必然要求。传统的电话系统是在一对实回线上挂接多个终端，所以必须使用高阻话机（或集中机选号盘）。目前，高阻话机种类较多，端口特性也不完全相同，但均采用模拟技术、分立元件设计，技术落后，端口为高阻，阻抗离散性大且非纯阻（阻抗随音频频率的变化而变化），摘机和挂机时阻抗变化范围大（摘机阻抗 8.8～16kΩ，挂机阻抗 15～25kΩ）。阻抗匹配不好时，会产生较大的回波，势必造成通话音量小、音质差、容易自激（振鸣）等问题。

因此，电话解决难度很大，是专网应用的难点，需要解决两个关键技术：端口阻抗匹配和音频数字叠加。FA16 型网络管理系统采用特殊接口电路解决阻抗匹配问题，采用特殊算法完成数字叠加。PCM 为用户提供电话语音通道，其逻辑结构如图 5 - 12 所示。

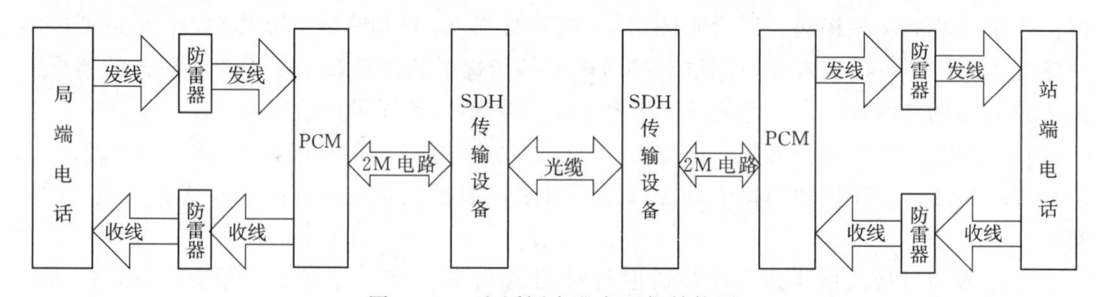

图 5 - 12　电话语音业务逻辑结构图

电话由音频端口（VFB）、音频数字叠加板（VDM）和系统的数字交叉连接（PV8）共同完成。VFB 完成 A/D 转换、PCM 编码、增益调整和阻抗匹配功能，VDM 完成数字共线的音频叠加功能，PV8完成交叉连接和控制功能。

新建一条由地调到A变电站的电话语音业务，需要在FA16型网管系统做如下配置：通过FA16型网管系统主界面进入接入网数管系统界面，如图5-13所示；选择“半永久连接”菜单，选择“半永久连接表”，进入到“半永久连接表”配置界面，如图5-14所示；半永久连接表配置内容如图5-15所示，“连接名称”为地调-A站（电话），起点为地调，终点为A变电站，“起点端口类型”选择CDI端口，“终点端口类型”选择模拟用户端口，“半永久连接类型”选择租用线；如图5-16所示，点击鼠标左键，选择“转换本表”，该操作可将前面配置的表格数据转换成网管数据格式，存储到FA16型网管数据库；如图5-17所示，点击鼠标左键，选择“设定主机记录”，将网管数据下载至FA16型设备。

二、调度自动化101业务

电力系统中将变电站的电压、功率、负荷、开关动作等信息进行收集，汇编成数据或者调度的命令以数据形式传到厂、站进行遥控操作，以上这些数据就是远动信号，也是电力系统中的“四遥”，即“遥测、遥信、遥控、遥调”。远动数据的传输通道有两种：一种通道使用数据网或光传输网的专用POS端口，称为远动104通道；另一种则采用64K复用通道，即站内远动装置RTU通过低速模拟接口或低速数字接口与PCM设备对接，称为远动101通道，如图5-18所示。

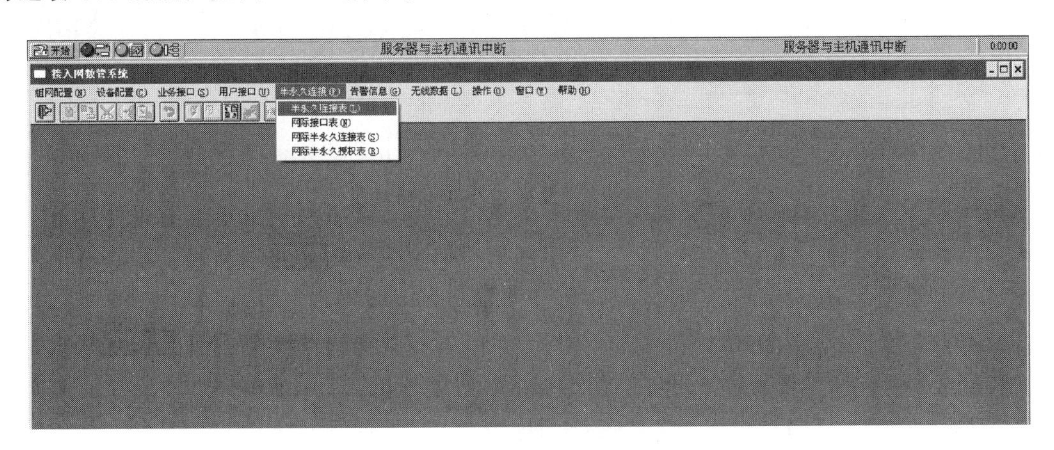

图5-13　接入网数管系统界面

接入网数管系统

组网配置　设备配置　业务接口　用户接口　半永久连接　告警信息　无线数据　操作　窗口　帮助

半永久连接表

连接号	连接名称	起点模块号	起点端口类型	起点端口号	起点起始信道号	终点模块号	终点端口类型	终点端口号	终点起始信道号	总信道数	应用类型

图5-14　半永久连接表配置界面

图 5-15 半永久连接表配置内容

(a)操作一

(b)操作二

(c)操作三

图 5-16 转换本表至网管数据库

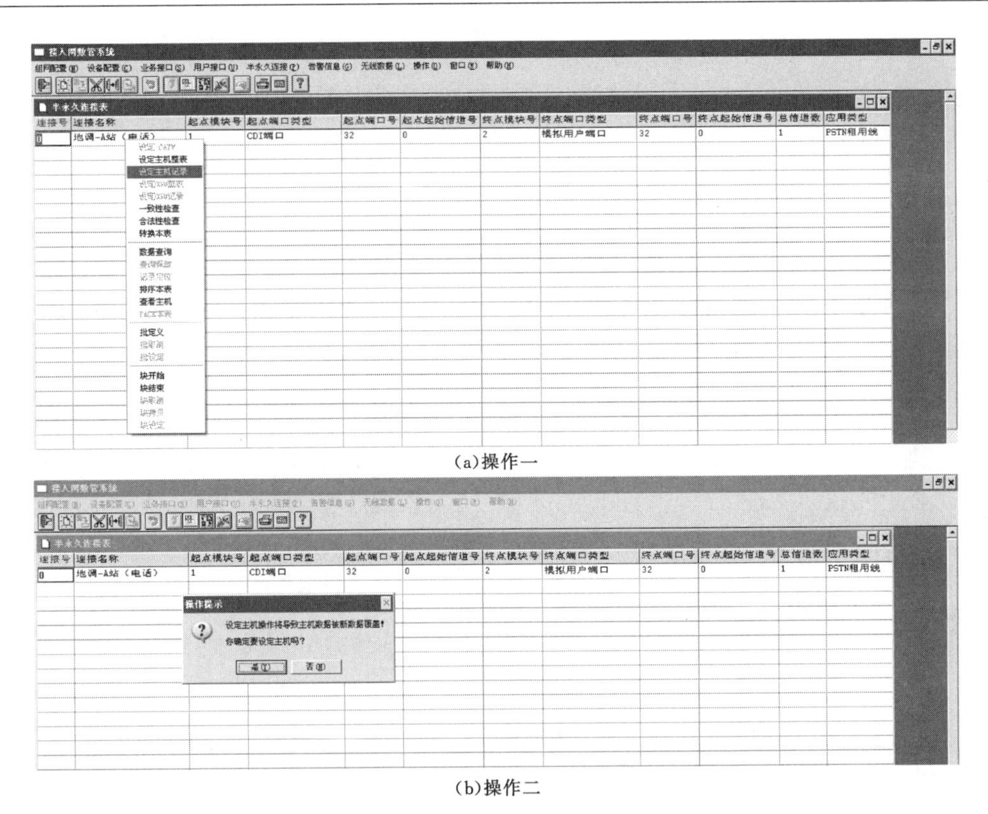

(a)操作一

(b)操作二

图 5-17　下载网管数据至 FA16 型设备

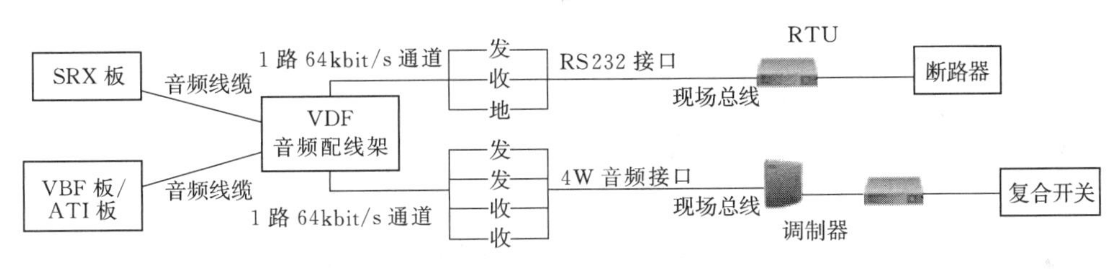

图 5-18　调度自动化 101 业务通道

根据传输信号的类型不同，调度自动化 101 业务分为远动模拟业务和远动数字业务，远动模拟业务用于传输调度自动化远动系统模拟信号，远动数据业务用于传输调度自动化远动系统数字信号。

1. 远动模拟业务

新建一条由地调到 A 变电站的远动模拟业务，需要在 FA16 网管系统做如下配置：通过 FA16 网管系统主界面进入接入网数管系统界面，选择"半永久连接"菜单，选择"半永久连接表"，进入到"半永久连接表"配置界面，半永久连接表配置内容如图 5-19 所示，"连接名称"为地调-A 站（远动模拟），起点为地调，终点为 A 变电站，"起点端口类型"选择音频端口，"终点端口类型"选择音频端口，"半永久连接类型"选择租用线；如图 5-20 所示，点击鼠标左键，选择"转换本表"，该操作可将前面配置的表格数据转换成网管数据格式，存储到 FA16 网管数据库；如图 5-21 所示，点击鼠标左键，选择"设定主机记录"，将网管数据下载至 FA16 型设备。

图 5－19　半永久连接表配置内容

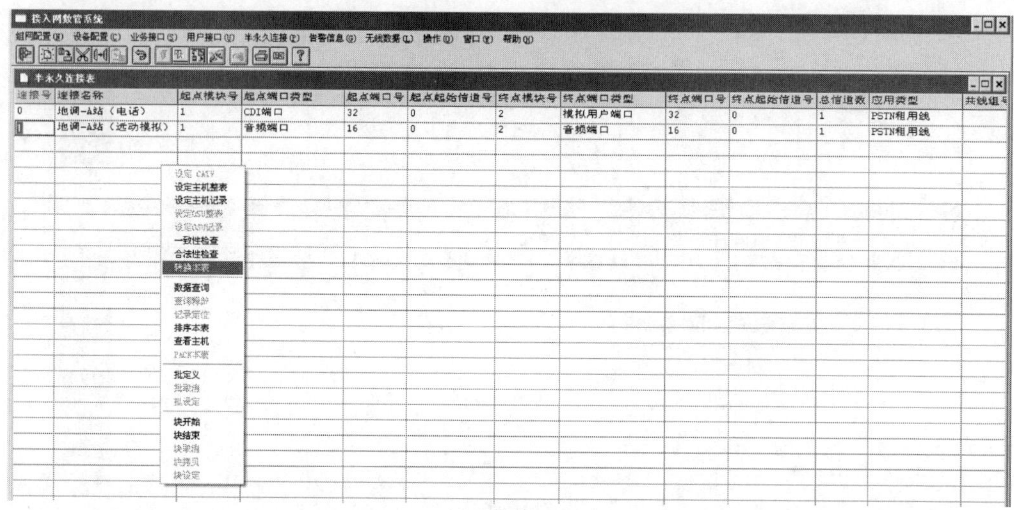

(a)操作一

(b)操作二

(c)操作三

图 5－20　转换本表至网管数据库

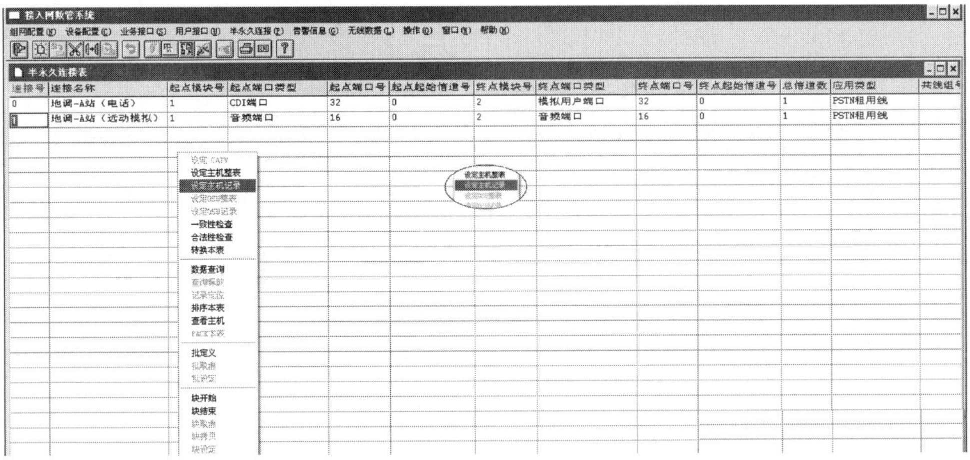

(a)操作一

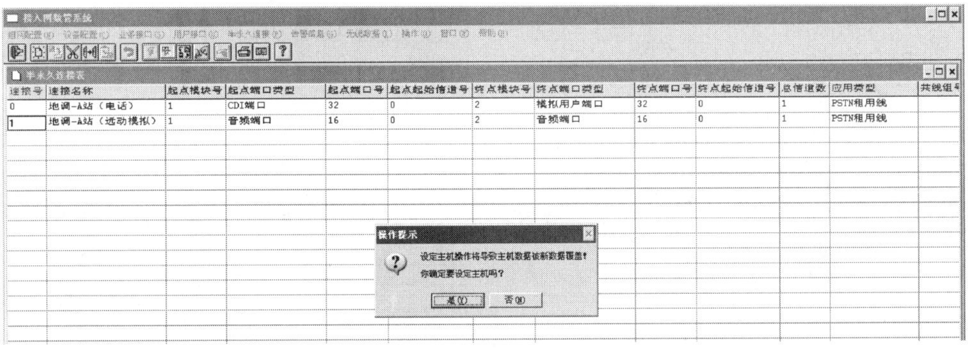

(b)操作二

图5-21　下载网管数据至FA16型设备

2. 远动数字业务

新建一条由地调到A变电站的远动数字业务，需要在FA16型网管系统做如下配置：通过FA16型网管系统主界面进入接入网数管系统界面，选择“半永久连接”菜单，选择“半永久连接表”，进入到“半永久连接表”配置界面，半永久连接表配置内容如图5-22所示，“连接名称”为地调-A站（SCS交叉），起点为地调，终点为A变电站，“起点端口类型”选择子速率端口，“终点端口类型”选择子速率交叉端口，“半永久连接类型”选择内部半永久；如图5-23所示，点击鼠标左键，选择“转换本表”，该操作可将前面配置的表格数据转换成网管数据格式，存储到FA16型网管数据库；如图5-24所示，点击鼠标左键，选择“设定主机记录”，将网管数据下载至FA16型设备。

图5-22　半永久连接表配置内容

连接号	连接名称	起点模块号	起点端口类型	起点端口号	起点起始信道号	终点模块号	终点端口类型	终点端口号	终点起始信道号	总信道数	应用类型	共线组号
0	地调-A站（电话）	1	CDI端口	32	0	2	模拟用户端口	32	0	1	PSTN租用线	
1	地调-A站（远动模拟）	1	音频端口	16	0	2	音频端口	16	0	1	PSTN租用线	
2	地调-A站（SCS交叉）	7	子速率端口	0	0	1	子速率交叉端口	0	0	1	PSTN租用线	

(a)操作一

服务器与主机通讯中断　　服务器与主机通讯中断　　0:00:00

接入网数管系统

半永久连接表

连接号	连接名称	起点模块号	起点端口类型	起点端口号	起点起始信道号	终点模块号	终点端口类型	终点端口号	终点起始信道号	总信道数	应用类型	共线组号
0	地调-A站（电话）	1	CDI端口	32	0	2	模拟用户端口	32	0	1	PSTN租用线	
1	地调-A站（远动模拟）	1	音频端口	16	0	2	音频端口	16	0	1	PSTN租用线	
2	地调-A站（SCS交叉）	7	子速率端口	0	0	1	子速率交叉端口	0	0	1	PSTN租用线	

操作提示

半永久连接表 数据有修改，需要提交到数据库吗？

是(Y)　否(N)　取消

(b)操作二

服务器与主机通讯中断　　服务器与主机通讯中断　　0:00:00

接入网数管系统

半永久连接表

连接号	连接名称	起点模块号	起点端口类型	起点端口号	起点起始信道号	终点模块号	终点端口类型	终点端口号	终点起始信道号	总信道数	应用类型	共线组号
0	地调-A站（电话）	1	CDI端口	32	0	2	模拟用户端口	32	0	1	PSTN租用线	
1	地调-A站（远动模拟）	1	音频端口	16	0	2	音频端口	16	0	1	PSTN租用线	
2	地调-A站（SCS交叉）	7	子速率端口	0	0	1	子速率交叉端口	0	0	1	PSTN租用线	

接入网数管系统

转换本表数据完成

确定

(c)操作三

图 5－23　转换本表至网管数据库

图 5-24　下载网管数据至 FA16 型设备

第四节　PCM 典型故障分析

电力系统 PCM 设备主要提供调度自动化和调度电话通信通道，在局端与站端之间的自动化系统、电话通信系统的通道可靠性上体现出极大的重要性。出现自动化主站与子站之间通信故障的频次较高，原因较多。本节介绍了一些 PCM 典型故障及相应的处理步骤。

一、2M 电路故障

【故障现象】

500kV 某变电站至省调的自动化系统 101 通道通信中断，主站收不到上行信息，主站端厂站数据不刷新，同时，经过 PCM 设备的电话不通。

【故障原因】

（1）PCM 设备 2M 接口板故障。

（2）PCM 设备外接的 2M 电缆问题。

（3）传输设备 2M 电路故障。

（4）自动化系统 101 通道出现误码，主站系统数据不能刷新。

【检修步骤】

（1）检查 SDH 和 PCM 网管有无 LOS 告警，据此判断 2M 收端有无故障。

（2）检查其他与 SDH 连接的设备有无告警指示，如保护用光电转换装置、交换机、PCM 等设备，据此判断 2M 发端有无故障。

（3）将 PCM 设备 2M 端口进行环回测试，判断是否为 2M 接口板故障。

（4）将 SDH 设备 2M 端口进行环回测试，判断是否为 2M 接口板故障。

（5）本案例中，网管和设备均无告警指示，环回测试结果正常。但自动化系统 101 通道出现误码，主站系统数据不能刷新。因此，在传输设备上挂 2M 测试仪进行测试，传输设备无误码，而自动化系统 101 通道仍然有误码，主站系统数据不能刷新。用万用表检查 2M 电缆，未发现问题，但误码仍然存在。仔细检查 2M 头，发现 2M 头虚焊，引起误码，重新做 2M 头或者更换 2M 电缆。

【运行维护经验】

2M 电路问题引起 PCM 设备故障问题经常出现，容易判断的是传输 2M 故障，包括设备 2M 板卡故障、2M 电缆断线等；最不容易处理的是软故障，即误码率持续较高，且通过大量硬件处置无法恢复的故障。

为排除软故障干扰，可安排进行 PCM 网管测试，若无异常，则转向对 2M 电路的硬件测试及故障排查。通道误码无规律出现时，可以考虑是否为 2M 头虚焊导致，采取重做 2M 头或者更换 2M 电缆的方法解决该类软故障。

二、VDF 保安单元故障

【故障现象】

（1）自动化系统 101 通道通信中断，主站收不到上行信息，主站端厂站数据不刷新。

（2）经过 PCM 设备的电话不通。

【故障原因】

VDF 保安单元故障。

【检修步骤】

针对自动化系统 101 通道故障，VDF 保安单元故障并不是唯一原因，必须通过仔细查找，才能确定故障类型，可按以下步骤进行：

（1）先判断 PCM 外接 2M 电路有无问题。

（2）经检测 2M 电路正常时，测量厂站端自动化下行通道，即在 PCM 四线的输出回路进行测量，检测方法可用示波器查看输出波形，是否有下行信息，波形状态是否标准，如果输出没有下行信息，则检查主站发出的下行信息是否进入主站端 PCM 设备四线输入回路，检查音频电缆和 VDF 保安单元，由于运行通道和音频电缆故障概率较小，可重点检查主站端通信 VDF 保安单元，或者直接更换 VDF 保安单元看能否收到下行信息。

【运行维护经验】

在通道信息判断中，可使用示波器进行通道波形查看。但是示波器仪器精密，体积较大，携带不是很方便，可以采取简单办法代替，有以下两种方法：

（1）数字万用表欧姆挡加蜂鸣器，直接测试通道信息，听蜂鸣器声音。远动通道数字信号经过调制解调器变成模拟信号，调制后的模拟信号是一个双正弦波，在示波器上看到的也是双正弦波。当用数字万用表欧姆挡加蜂鸣器测量时，在蜂鸣器声音输出中会听到两个不同的声音，以此简单判断。

（2）磁石话机听筒（耳机）是高阻抗耳机，用它直接听到的声音比万用表蜂鸣器更为清晰，判断准确性更高。

三、业务用户电路板故障

【故障现象】

（1）自动化系统 101 通道通信中断，主站收不到上行信息，主站端厂站数据不刷新。

（2）经过 PCM 设备的电话业务正常。

【故障原因】

PCM 设备业务用户电路板故障。

【检修步骤】

（1）在厂站端 PCM 输出下行通道回路测试下行信息，若主站端下行信息正常，故障定位在 PCM 设备上。

（2）检查 2M 通道和 PCM 设备上电话通信，如果都正常，可以判断为自动化的四线通道问题，重点检查 PCM 设备的用户板卡跳针。由于用户板卡长时间运行，跳针接触不好，用户板卡坏的可能性很大。

【运行维护经验】

排除此类故障首先应确定自动化信号已输入 PCM 设备，且通过检测电话业务，判断 PCM 设备公用的 2M 板等板卡运行正常，进而将故障范围缩小至自动化业务用户电路板。

解决本故障可以采用替换法，一般 PCM 设备上有备用卡，可直接用备用卡替换，如果替换后故障消失，可直接判定 PCM 设备业务用户电路板故障。

四、时钟设置错误

【故障现象】

PCM 设备偶尔出现误码，伴随自动化通道也出现误码，自动化主站数据不刷新，电话有时出现杂音，有掉线情况。

【故障原因】

PCM 设备时钟设置不当。

【检修步骤】

（1）由于设备有误码告警，怀疑是 2M 通道误码，挂 2M 误码仪对 2M 通道进行 24h 测试，没有发现误码。

（2）相关板卡（电源板、主控板、自动化出线板、电话出线板等）全部更换，重新连接机柜接地线，故障仍然存在。考虑是时钟问题，故重新设置时钟，故障消除。

【运行维护经验】

由于设计结构不合理，PCM 设备从传输设备业务端口（2M 支路）提取时钟，并通过传输设备的 2M 支路传递时钟信号，由于传输设备提取时钟信号时解复用及指针调整，导致时钟性能变差。

解决此类故障的方法为更改时钟结构，在传输设备上开启“时钟再定时”功能，将 2M 支路时钟精度提升至与 SDH 线路时钟同级别，避免时钟的层层解复用导致时钟性能劣化。

第六章　程控交换机设备原理与应用

自1876年美国贝尔发明电话以来，电话交换技术一直处于飞速变革和发展之中。随着电话数量的增加，电话网络变得越来越庞大，在这庞大的网络中，程控交换机应运而生。

程控电话交换机与一般机电式交换机的电话相比，具有接续速度快、业务功能多、交换效率高、声音清晰、质量可靠等优点。对于电力企业而言，程控交换机设备构建了电力调度交换网及行政交换网，即形成了以电路交换技术为主、覆盖公司系统各级单位的行政交换网，以及各级调控中心和被调厂站的调度交换网，为电网生产调度指挥、日常行政办公提供了优质的语音、传真等通信服务。

第一节　程 控 交 换 技 术

一、概述

在话音用户集中的地方，最简单的方式就将各个用户两两连接起来，其拓扑图如图6-1所示，也可以安装一台交换机，由该设备与每个用户相连接，其拓扑图如图6-2所示。当其中一个用户与其他用户通信时，该交换机完成了所需要的连接功能，实现任意用户间的两两语音通信。交换机为用户共享设备，为每个用户配置一个接口，通过一条专线(用户线）连接到用户终端，不仅可以监视各用户的状态，而且能在任意两条用户线路间建立和释放通信线路，完成用户间的信息传递和交换。

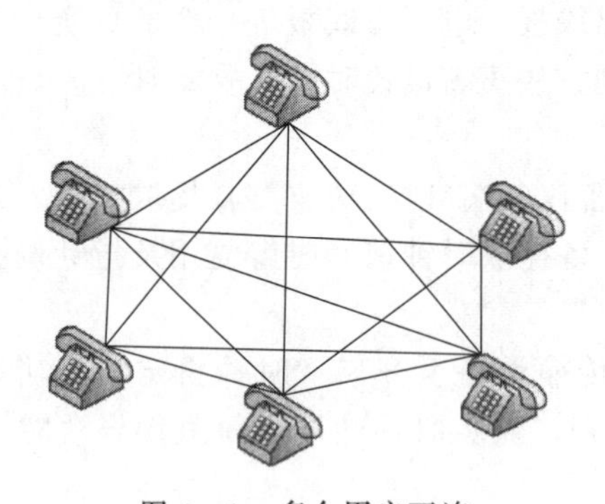

图6-1　多个用户互连

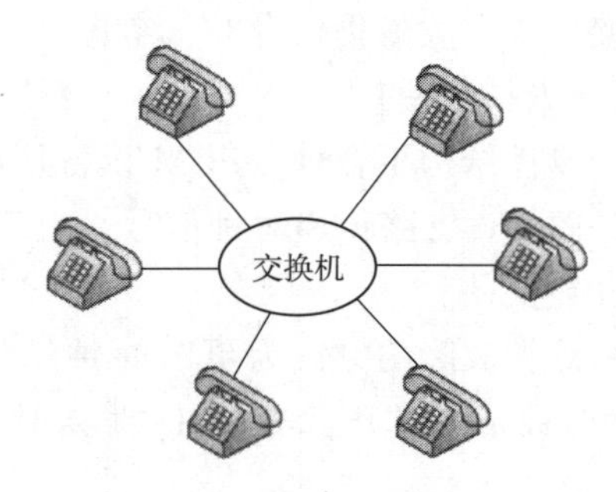

图6-2　用户通过交换机实现通信

简单的交换网包括一台交换机、多个用户终端和用户线。当用户数量增加到一定数量，且用户分布区域较大，一台交换机难以胜任时，就需要由多台交换机共同完成用户间连接的接续工作，共同组成一个交换网。多台交换机组成的交换网如图6-3所示。

程控交换机全称为存储程序控制交换机，通常专指用于电话交换网的交换设备，它以计算机程序控制电话的接续，将用户的信息和交换机的控制、维护管理功能预先编成程

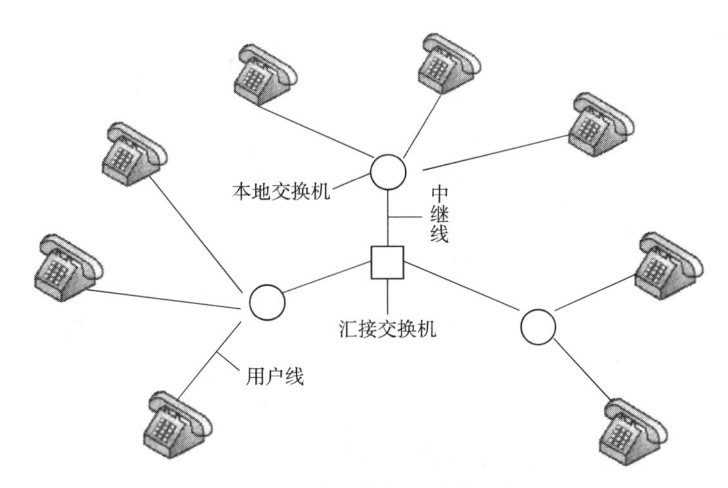

图 6-3　多台交换机组成的交换网

序，存储到计算机的存储器内，当交换机工作时，控制部分自动监测用户的状态变化和所拨号码，并根据要求执行程序，从而完成各种交换功能。通常这种交换机属于全电子型，采用程序控制方式，因此称为存储程序控制交换机，或简称为程控交换机。

程控交换机为了实现用户之间的话音交换，在信源和信宿之间通过公共的中转节点来实现相互之间的信息交互，可以节约信号传送通道的投资费用。最基本的数字交换方法包括时隙交换和空分交换两种：时隙交换是指输入复用线上任一时隙内容可以在输出复用线上任一时隙输出；空分交换是指任一输入复用线上的某一时隙的内容可以在任一输出复用线上的同一时隙输出。

交换网络的基本功能是根据用户的呼入要求，通过控制部分的连接命令，建立主叫与被叫用户间的连接通路。数字交换网络由数字接线器组成。数字接线器有时间（T）接线器和空间（S）接线器两种。时间接线器实现时隙交换，空间接线器完成空间交换。

(一) 时间接线器

时间接线器有话音存储器（SM）和控制存储器（CM）两部分组成。控制方式指 CM 对 SM 的控制，有输出控制方式和输入控制方式两种。

1. 输出控制方式

输出控制方式为顺序写入，控制输出。向 SM 写入话音信号时，不受 CPU 控制，按时隙顺序写入，输出话音信号时，受 CPU 控制的控制存储器的控制，即可以控制话音信号的输出。

例如：将 TS2 的内容 a 交换到 TS30，如图 6-4 所示。

写：将 TS2 的 a 写入话音存储器 SM 的第 2 单元。

　　将 2（00010）写入控制存储器 CM 的第 30 单元。

读：在读 TS30 时，控制存储器 CM 送出 2，读话音存储器 SM 第 2 单元的 a。

2. 输入控制方式

输入控制方式为控制写入，顺序读出。向 SM 写入话音信号时，受 CPU 控输出，输出话音信号时，按顺序输出。

SM：暂存数字语音信息，每单元 8bit，单元数（容量）等于输入复用线上的时隙数

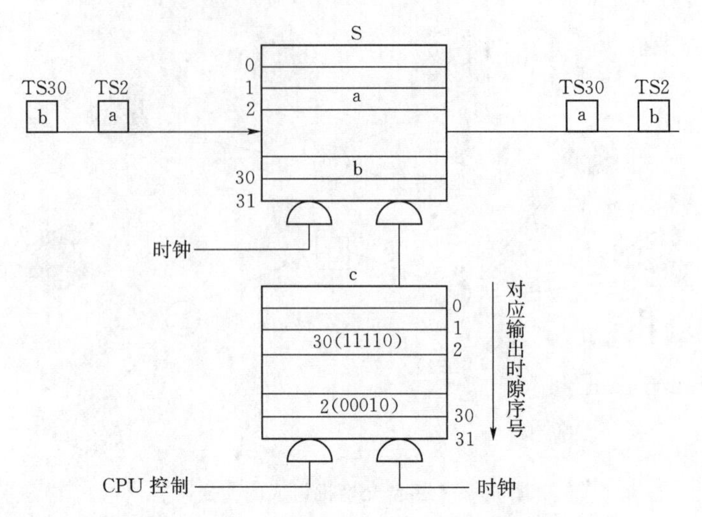

图 6-4　T 接线器输出控制方式交换过程

控制，顺序写入。

CM：存储器的容量与 SM 的容量相等，CM 存储的数据为 SM 的读出地址，由 CPU 控制写入，读时钟控制顺序读出。

例如：将 TS2 的内容 a 交换到 TS30，图 6-5 所示。

写：将 TS2 的 a 写入 SM 的第 30 单元。

将 30 写入控制存储器 CM 的第 2 单元。

读：在读 TS30 时，控制存储器 CM 送出 30，读话音存储器 SM 第 30 单元的 a。

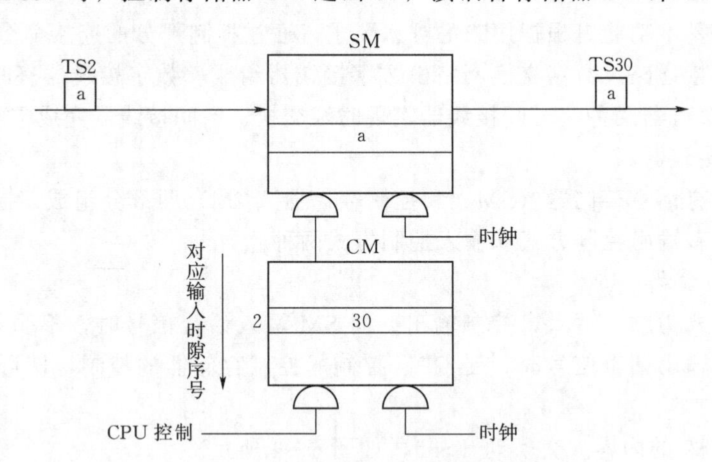

图 6-5　T 接线器输入控制方式交换过程

控制存储器用于控制话音存储器的写入。当第 i 个输入时隙到达时，由于控制存储器第 i 个单元写入的内容是 j，j 作为话音存储器的写入地址，使得第 i 个输入时隙的话音信息写入话音存储器的第 j 单元；当第 j 个时隙到达时，话音存储器按顺序读出内容 a，完成交换。

（二）空间接线器

空间接线器主要由电子交叉点矩阵和 CM 组成，用于不同 PCM 复用线的相同时隙的交换。每条输出线对应一个 CM，例如 CM1 对应输出线 PCM1、CM2 对应输出线 PCM2；CM 中的数据为输入线号码，决定该输入线在相应 TS 期间的输出，例如在 CM1 的第 7 单元中写入 2，则在 TS7 该数据被读出，使输入线 PCM2 与输出线 PCM1 接通（交叉点 21 闭合），在其他 TS，交叉点 21 断开；在帧周期内，CM 的各单元数据依次读出，完成交换。空间接线器的结构如图 6－6 所示。

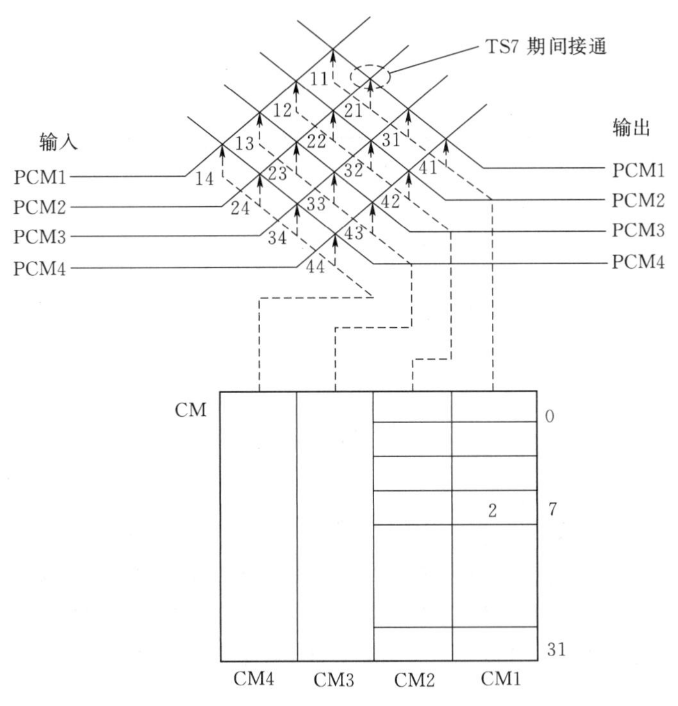

图 6－6 空间接线器结构示意图

空间接线器的控制方式包含输出控制方式和输入控制方式两种。

1. 输出控制方式

按输出线配置 CM，每个存储器对应一条出线，CM 地址对应时隙号，CM 内容为该时 A 应接通的入线号。空间接线器的优点在于某输入线上的某一时隙的内容可以同时在几条输出线上输出。例如：若在 CM1、CM2、CM3、CM4 的第 7 单元中都写入 2，则输入线 PCM2 的 TS7 时隙的内容就会从输出线 PCM1～PCM4 同时输出。

2. 输入控制方式

按输入线配置 CM，每条输入线对应一个 CM，如 CM1 对应输入线 CM1，CM2 对应输入线 CM2。CM 中的数据为输出线号码，决定该输出线在相应 TS 期间接收输入线的输出。

例如：向 CM1 的第 7 单元中写入 2，则在 TS7 期间，该数据被读出，使输出线 CM2 与输入线 CM1 接通（交叉点 12 闭合），如图 6－7 所示。

对于大容量交换网络而言，由于目前一级 T 接线器最多只能实现 64 端脉码交换，因而只靠一级接线器不行，并且 S 接线器不能单独使用，常常与 T 接线器组合构成多级交换网络，如 TS、ST、TST、STS、TSST、SSTSS、TSSST、TTT 等。

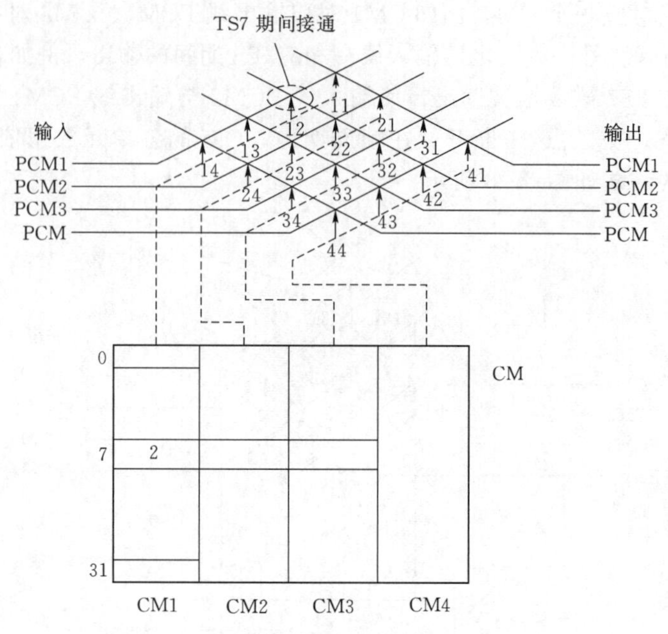

图 6-7　空间接线器输入控制方式交换过程

二、组网结构

电力交换网是由四级交换汇接、五级交换组成的交换网。国家电网公司汇接交换机是第一级汇接；各区域网公司汇接交换机是第二级汇接；各省公司汇接交换机是第三级汇接；各地区供电局（公司）汇接交换机是第四级汇接；各县公司以端局方式接入地、市汇接局。电力系统中交换网按用途分有行政交换网和调度交换网，两种交换网并列独立运行。

1. 行政交换网组网

行政交换网上业务主要有行政办公电话、营业厅电话等非生产调度类的电话，能自由接入公用电信网。行政交换网是直接为电力生产和管理服务的专用交换网络。行政交换网组网拓扑如图 6-8 所示。

2. 调度交换网组网

调度交换网业务为调度电话，它是电业部门根据调度的重要性和企业管理的繁忙程度自行建设的独立电话通道，它可以实现系统调度并有效地指挥生产，对于电力调度电话，要求有高度的可靠性，不仅在正常情况下，而且在恶劣的气候条件下和电力系统发生事故时，均保证电话畅通。调度交换网组网拓扑如图 6-9 所示。

国家电网公司调度、行政交换网拟采用统一编号方案，即网内所有交换机的用户在网内的编号是唯一的，任一交换机对网内其他交换机某一用户的呼叫号码都是相同的；总部及网省公司行政调度分离、终端局行调合一。

调度、行政交换网的区别为：行政交换网可接入公网而调度交换网不能；行政交换网采用 2M-7 号信令中继组网而调度交换网采用 2M-Q 信令中继组网，调度交换网还有冗余设计。

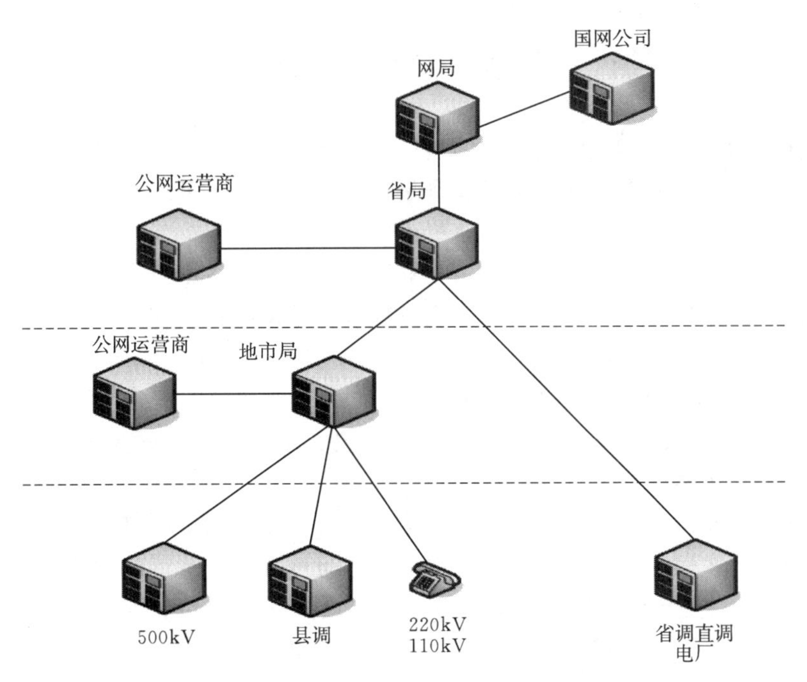

图 6-8 国家电网公司行政交换网组网拓扑

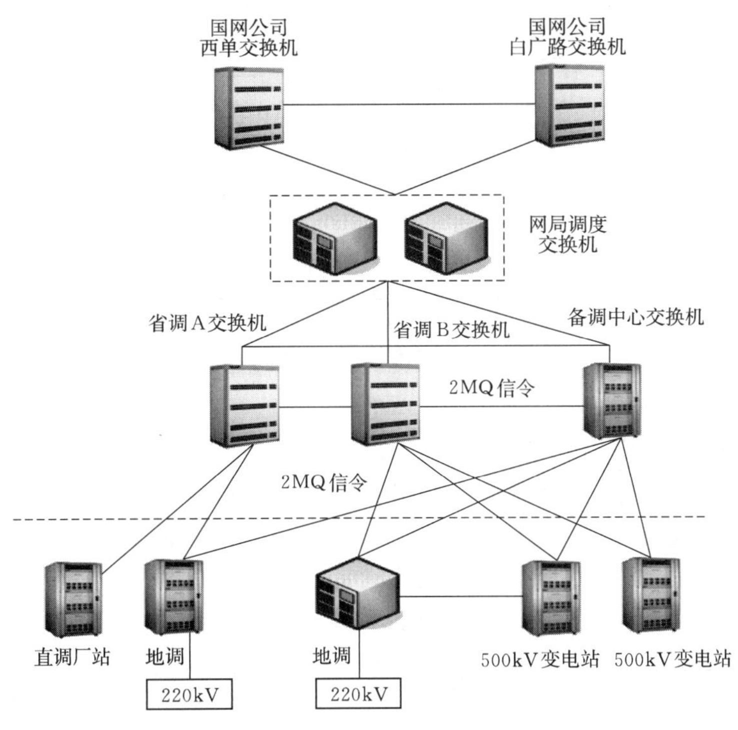

图 6-9 国家电网公司调度交换网组网拓扑

第二节　程控交换机硬件组成

程控交换机的作用是实现电话用户的接续、交换、中继。应用最为广泛的就是数字程控交换机和远端用户单元，后者也可以看作是程控交换机的一种综合接入设备，与交换机统一设计，两者的用户电路板和中继电路板可以相互替换备用。

华为、远东哈里斯、广州哈里斯是国家电网公司交换网络中最主流的三个厂家，工作原理高度相同，均支持国内所有的信令协议，具备各种模拟和数字接口，并且具备各种信令之间相互转换的能力，包括中国 1 号信令、7 号信令、ISDN（BRI 和 PRI)、QSIG 信令、ETSI 信令等，只要插上相应电路板，并在数据库中做相应配置，即可满足指定的通信需求。本节将以典型的哈里斯 H20 - 20 系列程控交换机来介绍交换设备的硬件组成。

一、程控交换主要设备

程控交换机主要由程控交换机主机（含各类板卡）和远端模块组成。

主机的硬件一般采用分散式模块化结构，可分为控制系统和话路系统两大部分，如图 6 - 10 所示。其中，控制系统是交换机的核心，可根据外部用户和内部管理的要求，执行存储程序和各种指令，达到控制相应硬件并实现话音交换。

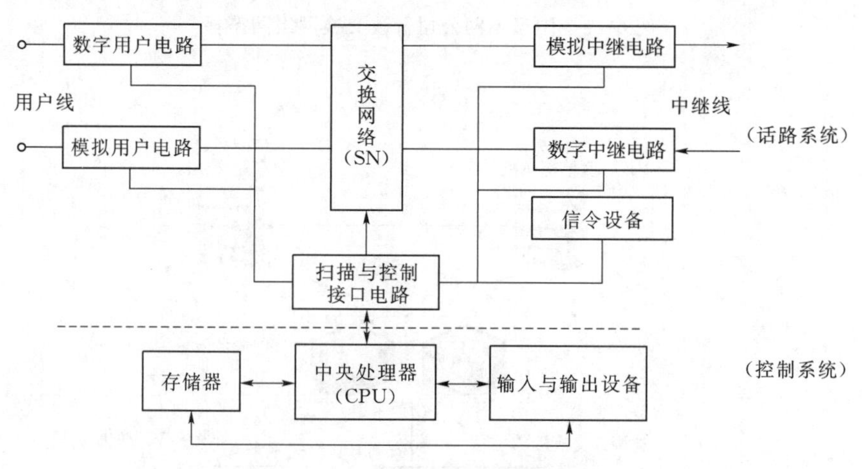

图 6 - 10　程控交换机组成方框图

1. 控制系统

（1）中央处理器。中央处理器主要任务是解读程序指令及数据，进行运算处理，编辑命令，是控制系统的主体。按其配置与控制工作方式的不同，中央处理器可分为集中控制和分散控制两类。远东哈里斯公司的 H20 - 20 系列交换机属于集中控制，华为公司的 C&C08 交换机和爱立信公司的 MD110 交换机属于分散控制。

（2）存储器。用于存储控制交换机运行和管理的系统程序、反映用户状况的用户数据、反映交换机设备状况的局数据。

（3）输入与输出设备。输入设备主要是维护终端，用于对交换机系统和交换机局数据、用户数据的维护管理。输出设备主要有打印机、告警设备，用于交换机系统告警信息、通话信息的输出。

2．话路系统

（1）用户电路。作为用户终端设备与交换网络的接口电路，完成馈电（Battery Feed）、过压保护（Overvoltage Protection）、振铃（Ringing）、监视（Supervision）、编解码（Codec）、2/4 线转接（Hybrid）、测试（Test）等七大 BORSCHT 功能。用户终端包括模拟话机和各类数字用户终端，如数字话机、话务台、调度台和数据终端。

（2）中继电路。完成交换机与交换机之间的连接，分模拟中继（配备 2/4 线转换和编译码器）和数字中继（数字中继器不需采用编译码器）。

（3）交换网络。用来完成任意两个用户之间、任意一个用户与任意一个中继电路（或中继器）之间、任意两个中继电路（或中继器）之间的连接。网络交换方法包括空分交换和时隙交换两种。空分采用专用集成芯片构成的开关方阵；时隙交换一般采用超大规模集成电路的存储方阵。

（4）信令设备。收集各个接口设备的信令信号，通知交换机控制系统控制呼叫接续进程和话路的建立与释放。主要有信号音、铃流、多频信号、信令协议处理器等。

（5）扫描与控制接口电路。扫描电路收集用户线及中继线信息。控制电路将处理机的控制字按位分配给用户电路和中继器，从而实现处理机群程序控制完成各种功能，相当于话务员的手。

3．远端模块

远端模块是专为电话用户交换机设计开发的话音、数据的综合接入系统，可以看成母局交换机的一种远端用户机柜，它与程控交换机统一设计，全面无缝支持交换机强大的功能，共享交换机全部资源，并可随交换机软件同步升级。为实现接入母局交换系统，具有多种连接方式，如图 6－11 所示。

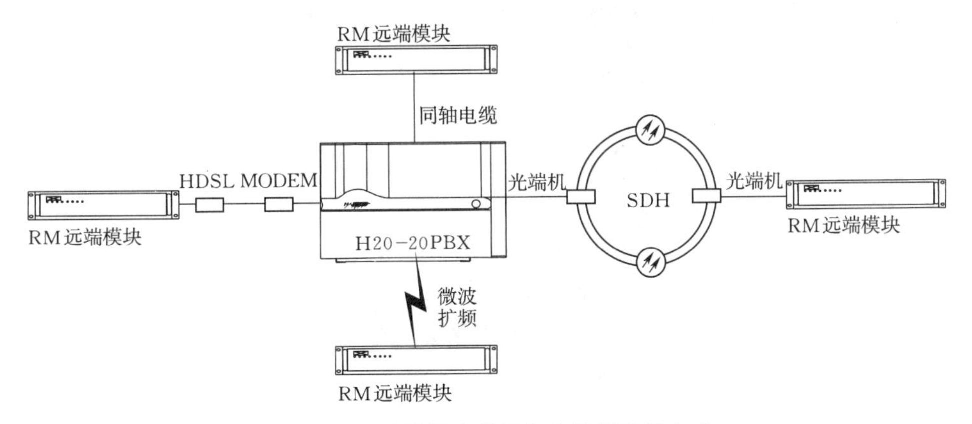

图 6－11　远端用户单元与交换机连接方式

远端模块提供 E1 接口，通过双绞线或同轴电缆互连或与传输设备相连，能与任何有符合 G.703 标准接口的传输设备相连。可灵活方便、不受距离限制地扩容、延伸由 H20－20 交换机组成的行政网、调度网。

二、机架和板卡

不同厂家、不同型号的程控交换机均采用模块化结构，可选择不同机架，配置相应功能的用户板或中继板插入机架槽位。

(一) 机架

远东哈里斯 H20－20 主机有三种类型机架：

(1) 公共控制机架（CCS）包括公共控制单元和接口单元，最大支持 256 端口。

(2) 多功能外围机架（MPS）包括机架驱动单元和接口单元，最大支持 256 端口。

(3) 冗余控制机架（RCS）包括两套公共控制单元和接口单元，最大支持 192 端口。

1. CCS

公共控制机架背板有 20 个槽宽，前两个槽留给电源使用，第三插槽 CT1 供时隙交换矩阵 TSA 板使用，第四插槽 CT2 给中央处理器 ICPU 板使用（其中插槽 1 也被 ICPU 占用），剩余的 15 个插槽供接口单元（16 路或 8 路）使用，在插槽 2 中可插入一块 DTU 板，用以占用插槽 1 的 16 个电路，这样本层机架最多可提供 16×16＝256 个端口。下层 CCS2 机架的 TSA 或 ICPU 仅安装于冗余系统，如果是非冗余系统，第一插槽可用于接口单元。在非冗余应用中，可利用的 16 个插槽如图 6－12 所示。

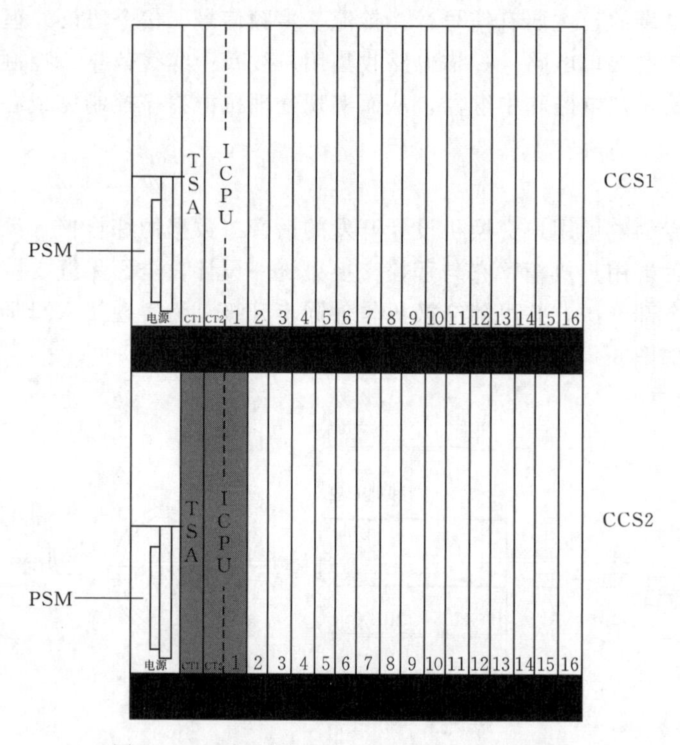

图 6－12　哈里斯 H20－20 系列 CCS 前视图

2. MPS

MPS 和 CCS 在所有方面都是相同的，差别仅在于两个机架 ICPU 的兼容性。对于公共控制机架需要 ICPU，并且仅在 CCS 中使用他们，MPS 并不接受他们。图 6－13 所示的 MPS 中，在插槽 CT1 中插入一块 SDU，剩余的 16 个插槽可以插任何一种接口板。

在 MPS 中，机架驱动单元（SDU）插在 CT1 槽位中，插槽 CT2 供冗余的非成对的机架插 SDU 用，用于 PCM 话音信息、信令、告警等信息的传输，每个 SDU 可提供 512 端口的通信，冗余使用时，SDU 单元在相邻的两机架成对使用并相互备份，每个 SDU 合并

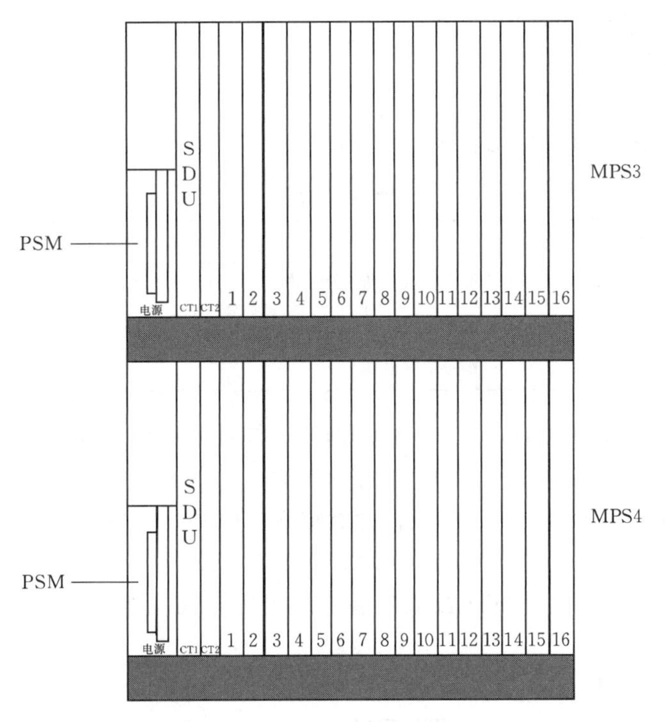

图 6-13 MPS 前视图

了两个串行 S-Link 接口（电缆式）。SDU 把第一组 256 个端口提供给与背板直接相连安装的机架。第二组 256 个端口通过一对带状电缆提供给相邻的机架。

3. RCS

图 6-14 中所示的 RCS 可以在一层机架中实现公共控制、电源等冗余配置，特别适应于小容量、高可靠用户的要求。

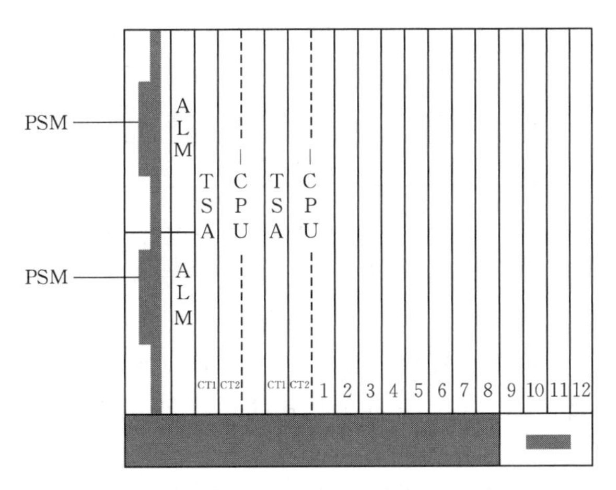

图 6-14 RCS 前视图

在 RCS 型机架中，CT1 槽插 TSA 板，CT2 槽插 ICPU 板，第二个 CT1 槽插 TSA 板，第二个 CT2 槽插备份的 ICPU 板，1～12 槽位可以插 8 端口、16 端口的板卡，机架最大容量可达 16×12=192 端口。

(二) 基本板卡

1. 公共控制电路板

公共控制电路板板卡说明见表 6-1。

表 6-1　　公共控制电路板板卡说明

序号	板卡名称	板卡说明
1	CPU	存贮和运行所有的系统软件及呼叫处理程序，装有内存、硬盘和软驱
2	TSA	能够进行 2048 时隙交换，并可提供 256 方会议及 256 种蜂音
3	PSM	提供二次电源，±5V、±12V

(1) 中央处理器板 (CPU)。CPU 板是程控交换机的核心，即中央处理器单元，负责呼叫控制、跟踪、接续等过程的处理及数据库管理。

(2) 时隙交换板 (TSA)。TSA 板包含时隙交换电路，在电话接口之间建立话音或数据连接，交换机的所有电话端口都有一路时隙与其对应。

(3) 电源板卡 (PSM)。PSM 板被安装在每个机架的左侧，输出背板所需要的±5V 及±12V 电压。

2. 典型用户电路板

用户电路是用户终端设备 (如用户话机、话务台) 与数字交换网络的接口设备。典型用户电路板板卡说明见表 6-2。

表 6-2　　典型用户电路板板卡说明

序号	板卡名称	板卡说明
1	HLUT	提供电话用户电路，可接 16 路模拟话机
2	LUT	提供电话用户电路，可接 8 路模拟用户电路板
3	HDLU	提供电话用户电路，可接 16 路数字话机
4	DLU	提供电话用户电路，可接 8 路数字话机
5	8BRIU	提供电话用户电路，可接 8 路 2B+D 调度台、数字话机等
6	BRIU	提供电话用户电路，可接 16 路 2B+D 调度台、数字话机等

(1) 模拟用户电路板 (HLUT、LUT)。模拟用户电路板可与任一脉冲式 (DP 方式) 或双音多频式 (DTMF 方式) 的模拟话机相连，此时在电路线上传输的均为模拟信号。

(2) 数字用户电路板 (HDLU、DLU)。数字用户板是连接数字话机或数据终端设备的接口电路。在 20-20 系列交换机中，数字用户板可直接与话务台、数字话机、数据通信适配器等接口连接，此时，在 T、R 线上传输的是数字信号，既可以传输话音也可以传输数据。

(3) 调度台转接板 (8BRIU、BRIU)。8BRIU 是调度台与调度交换机之间的连接枢纽，调度交换机通过 8BRIU 板向调度台下载调度热键数据以及发起呼叫。调度台通过 8BRIU 板应答交换机的呼叫以及向交换机发起呼叫。

BRIU 用户板支持 16 个基本速率接口 (2B+D)。8BRIU 用户板支持 8 个基本速率接口（2B+D）。

3. 典型中继电路板

典型中继电路板板卡说明见表6-3。

表6-3　典型中继电路板板卡说明

序号	板卡名称	板卡说明
1	GS、LS	模拟中继，提供与地启动/环路启动中继电路
2	2WEM	模拟中继，提供2线E&M中继电路
3	4WEM	模拟中继，提供4线E&M中继电路
4	2MB	数字中继，DTU数字中继电路板

（1）环路中继板（GS、LS）。环路中继板通常作为话务不大的交换机与交换机之间的连接，完成话音信息及监视、管理信号的传递。完成的功能与用户板相似，只是比用户电路少了震铃控制和对用户线馈电的功能，多了一个忙闲指示功能，并将用户线状态的监视变为对线路信号的监视。LS中继板可提供与来自其他交换机的模拟用户线相连的接口，每块LS中继板提供8个端口，每路忙/闲程度均可通过板面的绿灯指示，并且都支持FSK制式来电显示功能。

（2）E&M中继板（2WEM、4WEM）。2线E&M和4线E&M中继电路板均采用贝尔标准的E&M直流信号方式，多用于专网中与同类型电路板相连。两种电路板的区别为：2线E&M采用2线话音传输，而4线E&M板采用4线话音传输，即话音的接收、发送相分开，如图6-15、图6-16所示。E、M线均用于信令，其中E线用于接收对端局入局信令，M线用于发送出局信令到对端局，M线具有“空闲”和“占用”两种状态。每一电路的忙闲状态及保险丝熔断情况均可通过板前方的绿灯或红灯显示。

图6-15　2线E&M中继板直流信号方式　　图6-16　4线E&M中继板直流信号方式

（3）2MB数字中继板（2MB）。数字中继板DTU是交换机与交换机之间实现数字中继连接的接口板，DTU可被定义为基群速率接口（PRI），DTU的信道可以被定义成ISUP话音/数据中继和SS7信令链路。数字中继板包含帧、信令和同步电路，要求接在标准通道的E1设备接口上，其传输速率为2.048Mbit/s，即每帧为32个时隙，每时隙8比特位，0时隙用作同步和告警，第16时隙用作信令通道，其余第1～第15时隙，第17～第30时隙用于传递话音信号，每路的速率为64kbit/s。

4. 典型服务单元电路板

典型服务单元电路板板卡说明见表6-4。

表 6-4　典型服务单元电路板板卡说明

序号	板卡名称	板卡说明
1	DTMF	提供双音多频信号
2	MFR	提供多频互控信号
3	ASG	提供 FSK 模拟信号
4	PCU	提供 7 号信令信号
5	SSU	提供信令接口
6	ICFU	提供与维护终端连接的网络接口

（1）接收器（DTMF）。接收 DTMF 拨号同时具备拨号音检测。提供 4 个 DTMF 电路，可将 DTMF 码解码成数字格式；提供 4 个拨号音检测，用于检测远端交换机提供的二次拨号音。

（2）多频互控信号接收器板（MFR）。接收多频互控计发器信号，用于 1 号信令中继电路和 EM 中继电路。

（3）模拟信号发生器板（ASG）。ASG 板接收 FSK 信号，用于模拟分机来电显示。

（4）7 号信令处理板（PCU）。PCU 的 7 号信令链路是通过 DTU 的信令时隙通道出交换机，和其他交换机相连接。PCU 板的基本功能为：接受对端交换机 7 号信令链路的帧，解析第一、第二和第三层协议，然后将解析后的消息帧通过同轴电缆构成的网络，传送给 CPU 板，由 CPU 完成其他层的解析和处理工作。接受 CPU 板从网络端发送来7 号信令帧，按照 7 号信令第一、第二和第三层协议进行打包，然后通过 DTU 板发送到对端交换机。

（5）扫描信号板（SSU）。SSU 板是呼叫处理器和所有接口板间的接口，可处理各种信号及控制功能。每块 SSU 板可为 512 个端口提供信令接口，实现端口间的话音或数据交换。

（6）网络多功能板（ICFU）。ICFU 板是网络维护多功能板，通过连接面板前方的网口与维护终端，简单快捷地为程控交换机提供从外部 IP 网络进行维护的功能。

第三节　程控交换机典型业务配置

电力通信交换系统广泛采用远东哈里斯公司的 H20-20 交换机，并且使用 Q 信令作为 2M 数字中继信令方式，本节以 H20-20 交换机新增内部模拟用户分机、新增 Q 信令 2M 中继等主要业务为例，介绍程控交换机典型业务配置。

语音系统中的每一个用户都具备自己的特征数据，主要包含用户电话号码、用户电路设备号、用户类别、电话机类别、用户服务级别等数据。程控交换机进行用户数据设置的目的是为用户分配一个用户电路接口，分配用于识别用户的电话号码，根据用户的业务需要设定用户的服务级别。

程控交换机可以通过数据库这种形式来维护和管理系统数据、局数据和用户数据。哈里斯程控交换机的数据库由一组与呼叫处理相关的表组成，通过配置这一系列数据库表来实现交换机数据配置。为了使这些不同的数据库表完成同一个呼叫的控制过程，就要在制作数据库表时让所做的各种数据库表之间产生联系，多种数据库表通过指向相互联系，构成一个整体。图 6-17 显示了这些表之间的联系。

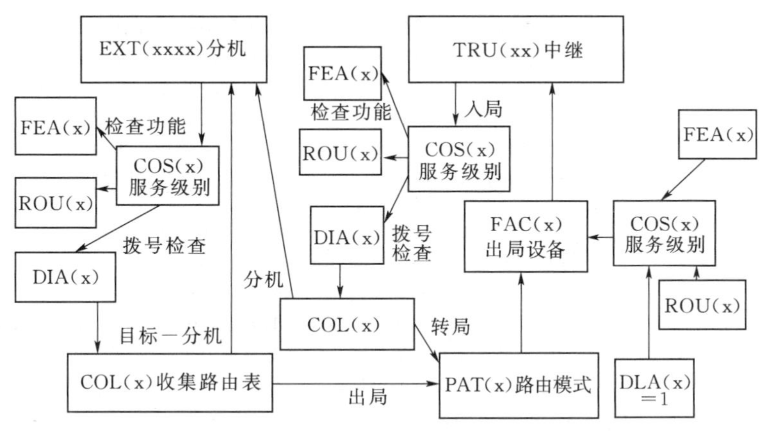

图 6-17　交换机处理呼叫流程图

数据库表在交换过程中有着确定的实际意义，了解这些意义有助于数据库的软件配置和故障排查。其中，用户分机表（EXT）、控制设备表（FAC）、中继组表（TRU）均有不同的服务等级表（COS）级别进行等级定义。而分机呼叫所建立的数据库表及数据库表之间的指向主要由 EXT 指向收集路由表（COL），再由 COL 做出判断后向内部分机振铃或经由路由模式表（PAT）、FAC、TRU 出局。外部电话通过 TRU 呼入本局时经由 TRU 入局至对应 COS 等级中的拨号控制表（DIA），再由 COL 判断后决定转局还是向本局内部的分机振铃。

表 6-5 中表明，以上数据表相互关联，有些表包含了配置其他表时所需信息。哈里斯 H20-20 交换机新增内部模拟用户分机、新增 Q 信令 2M 中继的数据配置都是遵循以下步骤：

（1）登录交换机网管系统，使用 EDT 命令进入数据库编辑状态，使用 SEL 命令选择数据库 A 库或 B 库。

（2）配置表 6-5 所示的部分或全部数据库表。

（3）使用 SAVE 命令保存上述数据配置。

（4）使用 UTI、REB 命令重启交换机并运行。

表 6-5　　主要数据库表的功能说明

序号	指令代码	指令名称	功　能　说　明
1	COL	收集路由表	定义系统拨号计划，系统根据不同的收集路由表来确定呼叫处理方式。某个呼叫采用哪个收集路由表，由主叫的拨号控制级 DIA 决定。每个收集路由表能保存一个或多个收集序列，例如：2XXX=STA
2	DIA	拨号控制表	决定交换系统呼叫接续的处理程序，并定义下一步呼叫处理使用的收集路由表，建立 DIA 首先设置拨号控制类型和由该 DIA 指向的 COL（已建立）

续表

序号	指令代码	指令名称	功能说明
3	FEA	功能级别表	定义一组用户可使用的系统功能。FEA的用户类型有2种：sta为普通分机，tru为中继组；FEA具备的功能有10种（F1～F110），具体可参见说明书
4	ROU	路由级表	路由级是服务等级的一部分，每一个路由级都有一个0～63的号码，0级为维护拨号用。当分机被指定一个服务级时，即被指定一个路由级。不同级别的使用者建立路由级之后，可以控制呼叫使用指定的中继出局
5	COS	服务等级表	由6部分组成（DIA、FEA、ROU、连接级、承载级和可靠拆线），可以为分机、中继组、控制器、自动呼叫分配方式、授权码等分配一个服务级
6	EXT	用户分机表	定义用户电路的特征数据，包括用户电话号码、电话机类别、用户电路端口及服务级别
7	TRU	中继组表	一个中继组内包括了一系列中继电路，这些中继电路对于入局和出局具有相同的类型，并且连接到同一远端交换机。中继组内的服务级别（COS）用于入局呼叫。当一个中继组被出局呼叫占用时，服务级别在控制设备表中指定
8	FAC	控制设备表	所有出中继呼叫都要通过一个路由点（路由模式中），然后到一个控制设备，最后找与此控制设备相联系的中继组出局。控制设备决定了如何将一个呼叫发送到指定的中继组。在控制设备表中定义了一些输出脉冲命令，它控制着通过指定中继组出局的拨号信息。另外，该表中也定义了出局所用的服务级别
9	PAT	路由模式表	一个路由模式用于对出局呼叫的路由级别进行检查。通过检查的呼叫通常送到控制设备表，再到与此控制设备相联系的中继组出局。如果一个呼叫找到一个路由模式表的末端仍未发现出局路由，主叫就会受到“中继全忙”拦截处理。在一个路由模式中，需要配置路由点、排队点、允许点

一、新增内部模拟用户分机

内部分机完成呼叫的完整过程是：主叫摘机拨内部分机号，交换机接收主叫所拨号码，分析号码去向，完成呼叫接续，占用内部通路，被叫分机振铃。

1. 新增内部模拟分机数据库表配置流程

新增内部模拟用户分机数据库表流程如图6-18所示，对数据配置流程进行详细说明。哈里斯数字程控交换机增加模拟用户需要建立BOA、COL、DIA、FEA、ROU、COS、EXT等数据表。

图6-18　新增内部模拟用户分机数据库表流程

模拟用户数据配置步骤如下：

（1）增加BOA。增加用户板HLUT板，用以激活安装在机框的模拟用户电路板，为用户分配电路设备。

（2）建立COL。COL定义系统拨号计划，根据不同的COL来确定呼叫处理方式。例如，一个表处理分机拨号，另一个表处理中继对中继呼叫。COL的主要任务是收集用户所拨的数字，作为呼叫处理的第一步，一个主叫由其服务级别中的拨号控制级别来指定由哪个 COL 来收集其拨号。

（3）建立 DIA。交换机使用 DIA 来决定呼叫接续的处理程序，并定义下一步呼叫处理使用的 COL。DIA 中的主要参数有拨号控制类型和系统拦截等。

1）拨号控制类型。拨号控制类型类决定系统对呼叫进行何种处理，常用拨号控制类型见表 6－6。

表 6－6　常用拨号控制类型

序号	类　型	功　能　说　明
1	DIAL	告诉系统发送呼叫到一个指定的 COL，该表必须预先配置
2	AUTO－DIAI	当分机摘机或入局中继组线被占用时，系统自动地拨一个预先配置的号码。在分机表中可以给出每个分机自动拨叫的号码，在中继组里定义每条中继或自动拨叫的号码
3	DID	从直接入局中继线（DID）上来的呼叫发送到一个 COL
4	DIRECT	发送该表的被拨号码直接到一个特定的目标，这个目标可以是一个路由模式，一个功能路由，一个系统拦截等
5	FGB	发送功能组 B 中继上的被拨号码到等效调用或个新的服务级别
6	R2	使用 R2 信令规约

2）系统拦截。当一个呼叫发生一些类型的错误时，就会受到拦截处理。在 DIA 可以告诉系统如何进行拦截处理，拦截的处理方式见表 6－7，主要拦截类型见表 6－8。

表 6－7　拦截处理方式

序号	处理方式	功　能　说　明
1	错误音	系统发信号音给主叫。每个拦截都有一个缺省音
2	分机	系统自动地将呼叫拦截到一个话机或连到用户线上的录音设备
3	路由模式	系统将呼叫直接指到一个路由模式

表 6－8　主要拦截类型

序号	拦截类型	功　能　说　明
1	用户拦截	当用户拨了未定义的号码时受到拦截，缺省值是错误音
2	号码拦截	当一个主叫拨的号码不符合他的收集路由表中任何一个收集模式时，受到拦截，缺省值是错误音
3	部分拨号拦截	用户所拨号码间隔时间太长，受到拦截，缺省值是错误音
4	ATB 拦截	所有中继线全忙，一个呼叫到达路由模式（PAT）表的末端仍未找到一个空闲的中继线时受到拦截，缺省值是快忙音
5	路由模式拦截	主叫的路由级别不能通过路由模式中的任何一个路由出局，受到此拦截，缺省值是错误音

续表

序号	拦截类型	功能说明
6	功能拦截	主叫试图调用某一功能，但他的功能级别不允许时，受到此拦截，缺省值是错误音
7	控制拦截	呼叫试图调用由 NCF 程序已阻塞或断开的电路时受到此拦截，缺省值是错误音
8	无拨号拦截	主叫摘机后久未拨号时受到此拦截，缺省值是错误音

（4）建立 FEA。FEA 是用户服务级别中的一个参数，是用于定义一组用户可使用的系统功能。交换机已预置了一些功能级别表，见表 6-9。

表 6-9　FEA 主要预置功能

序号	选项	功能说明
1	强插（F7）	允许话务员或分机用户插入一个已经建立的通话
2	强插保护（F8）	阻止任何强插或遇忙强插。主叫拨内部分机遇忙时，可调用此功能。当忙分机挂机后，交换机通知
3	遇忙回叫（F10）	主叫拨内部分机遇忙时，可调用此功能。当忙分机挂机后，交换机通知主叫

（5）建立路由级 ROU。ROU 使用路由级，路由级是 COS 的一部分，每一个路由级都有一个 0～63 的号码，0 级为维护拨号用。当分机被指定一个服务级时，即被指定一个路由级。需要配置中继电路数据时，路由级别在 PAT 中被检查，从而决定一个呼叫能否通过一个路由点出局。在 ROU 中增加几个路由级别，可以分配给不同级别的用户使用。

（6）建立服务级 COS。COS 由拨号控制级、功能级、路由级、连接级、承载能力级和可靠拆线等六部分组成，可为分机、中继组、控制器、自动呼叫分配（ACD）方式、授权码等分配一个服务级。COS 主要参数见表 6-10。

表 6-10　COS 主要参数

序号	参数	说明
1	拨号控制级	在第（3）步中已建立的表号
2	功能级	在第（4）步中已建立的表号
3	路由级	在第（5）步中已建立的表号
4	连接级	连接级决定一个端口能连接哪些端口。一般情况下系统自动将连接级 0 分配给服务级，它允许所有端口互相连接
5	承载能力级	由 OCR 确定服务级别中是否有承载能力级。路由方式用承载能力级决定一个连接能用什么路由和排队点。用承载能力级，告知系统一个连接将处理何种信息。类似于路由级，承载能力标识呼叫的类型，路由方式也根据承载能力级判断是否通过路由允许点，或使用路由点和排队点
6	可靠拆线	呼叫连接的双方至少应有一个电路提供可靠拆线。只有环路中继不具备可靠拆线能力

（7）建立 EXT。EXT 是用来定义用户数据的各特征数据，包括用户电话号码、分机

类别，分配的用户电路板位及用户户服务级。EXT 中的主要参数见表 6－11。

表 6－11　　**EXT 中的主要参数**

序号	参　数	说　　明
1	用户号码	分配给的用户电话号码
2	分机类型	模拟用户分机
3	电路板位	分配给分机的电路位置，由机架—槽位—电路组成
4	服务级	决定分机的等级和操作权限，选择在第（6）步中已建立的 COS
5	信号类型	指定分机的拨号方式，模拟分机选择 DTMF（双音多频）/脉冲号

2. 新增内部模拟用户分机实例

任务说明：本程序配置 2 个模拟用户分机，电话号码分别为 2001、2002，均不能打长途电话，仅能够拨打内部分机电话。

```
EDT ...? SEL A...                          // 选择数据库 A ...
A ...? BOA
BOA ...? ADD
电路板类型 ...? HLUT                       // 加 16 路 HLUT 电路板
插槽 ...? 1-4                              // 插槽位置为 1 号机架 4 号槽
电路号 (1-16, ALL, 或 END) [END] ...?

COL ...? ADD
收集路由表名 ...? CR-STA                   // 增加收集路由表'CR-STA'
数字间信号[NONE] ...?
SEQ [END] ...?
注释 ...? 内部分机使用

DIA ...? ADD 11                            // 新增拨号控制级别 11
拨号控制类型 ...? DIAL                     // 定义将呼叫发送到已经定义的收集路由表
目标 ...? CR-STA                           // 指定收集路由表 CR-STA 给拨号控制级 11
空号拦截 [TONE] ...?
数字拦截 [TONE] ...?
拨号不全拦截 [TONE] ...?
ATB 拦截 [TONE] ...?
路由模式拦截 [TONE] ...?
功能拦截 [TONE] ...?
网路控制拦截 [TONE] ...?
无拨号拦截 [TONE] ...?
分机暂停使用拦截 [TONE] ...?
分机删除拦截 [TONE] ...?
```

维护忙拦截 [TONE] . . . ?
信息音拦截 [TONE] . . . ?
号码变更拦截 [TONE] . . . ?
注释 . . . ? 内部分机 . . . 加拨号控制类 11 . . .

FEA . . . ? ADD
功能类(0 - 63) . . . ? 11　　　　　　　　// 新增功能级别等级 11
功能类类型 . . . ? STATION　　　　　　　// 标准分机使用
功能[END] . . . ? F12
呼叫转接 [N] . . . ? Y
功能[END] . . . ? F39
外线呼叫前转 [N] . . . ? Y
功能[END] . . . ? F7
强插 [N] . . . ? Y
功能[END] . . . ? F60
无应答回叫 [Y] . . . ? N
功能[END] . . . ? F53
禁止自动重呼 [N] . . . ? Y
功能[END] . . . ? F69
PRESET 会议 [N] . . . ? Y
功能[END] . . . ? F23
会议 [Y] . . . ? N
功能[END] . . . ? F56
维护拨号 [N] . . . ? Y
功能[END] . . . ? F14
被叫 CDR 输出 [N] . . . ? Y
功能[END] . . . ? F15
主叫 CDR 输出 [N] . . . ? Y
功能[END] . . . ?
注释 . . . ? 内部分机 . . . 加功能类 11 . . .

ROU. . . ? ADD
路由级别 . . . ? 11
注释 . . . ? 内部分机 . . . 加路由级别 11 . . .

COS. . . ? ADD 11
拨号控制级别(0 - 63). . . ? 11
功能级别(0 - 63). . . ? 11

路由级别(0－63)...？11
可靠拆线(Y/N)[Y]...？
注释...？内部分机... 加服务级别 11...

EXT...？ADD 2001
分机类型...？STA
电路位置...？1－4－1
COS 号(0－255)...？11
信令类型[MIXED]...？
个人缩位拨号块(0－4)[4]...？
姓...？2001
名字...？
在号码簿公布号码(YES/NO)...？Y
I 组类别名[KA1]
II 组类别名[SUB－NO－PRIORITY]...？
前缀索引(1－99,DEFAULT)[DEFAULT]...？
注释...？加标准分机 2001...

EXT...？ADD 2002
分机类型...？STA
电路位置...？1－4－2
COS 号(0－255)...？11
信令类型[MIXED]...？
个人缩位拨号块(0－4)[4]...？
姓...？2002
名字...？
在号码簿公布号码(YES/NO)...？Y
I 组类别名[KA1]
II 组类别名[SUB－NO－PRIORITY]...？
前缀索引(1－99,DEFAULT)[DEFAULT]...？
注释...？加标准分机 2002...

以上软件数据配置完成之后，还要进行安装硬件及接线，确认模拟电话用户板插入 1 号机架 4 号槽，同时背板电缆连接至音频配线架；模拟话机 1（2001）的音频线通过卡线刀打入音频配线架 VDF 上，并对应 1 号电路位置，模拟话机 2（2002）重复硬件连接，并对应 2 号电路位置。需要指出的是，也可以先进行硬件安装接线，再配置软件数据，无论哪种顺序，两者对应缺一不可。

二、新增 Q 信令 2M 中继组

Q 信令系统广泛应用于电力行政交换网和电力调度交换网，是因为 Q 信令系统具有以下先进的功能：接续速度快，可靠性高，网络路由编号，主叫号码、被叫号码同时传送，信道承载能力可控制，信道可捆绑，中继汇接，呼叫路由子预测，分组呼叫处理，帧中继连接，与IP广域网路由器连接。

Q信令2M中继电路一般设置为双向中继电路，出局呼叫接续过程为分机摘机拨2M出中继局向号，交换机接收主叫所拨号码，分析号码去向，完成呼叫接续，占用出中继电路，听到对端交换机选来的拨号音后拨对端交换机的被叫号码。入局呼叫接续为交换机收到对端交换机出中继占用信号后，占用入中继电路，并接收对端交换机发送的被叫号码，分析号码去向，完成呼叫接续。

1. *新增Q信令2M中继数据库流程*

新增Q信令2M中继数据库流程如图6－19所示。哈里斯数字程控交换机增加Q信令2M中继需要建立BOA、FEA、COL、DIA、ROU、COS、EXT、TRU、FAC、PAT等数据表。

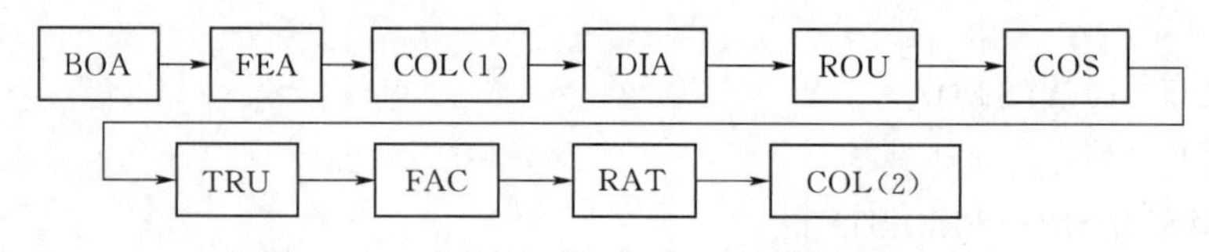

图6－19　新增Q信令2M中继数据库流程

新增Q信令2M中继组的数据配置步骤比新增内部模拟用户分机数据配置步骤更为复杂，其配置步骤如下：

(1) 增加BOA。配置Q信令（30B＋D）中继组应该选择30PRI电路板类型。Q信令的物理接口为基群速率接口（PRI），基群速率接口有两种标准：23B＋D和30B＋D。我国采用30B＋D的标准，即一个接口提供30个B通道和1个D通道。B信道是ISDN线路中逻辑数据“管道”，提供64K的透明通路，用于数据传输。D信道主要用于传输呼叫控制信令和维护管理信令。

(2) 建立FEA。

(3) 建立COL。

(4) 建立拨号控制级DIA。

(5) 建立路由级ROU。

(6) 建立服务等级COS。

第（2）～（6）步与模拟用户数据配置方法基本一致。特别注意，第（6）步配置COS时，建立一个入局用的COS，功能级用TRU类型，拨号控制级用第（4）步下做的DIA，拆线方式选Y；建立一个出局用的COS，功能级用FAC类型，拨号控制级用1，拆线方式选Y。

(7) 建立TRU。一个中继组内包括了一系列中继电路，这些中继电路对于入局和出局具有相同的类型，并且连接到同一远端交换机。中继组内的COS用于入局呼叫。当一个中继组被出局呼叫占用时，服务级别在FAC中指定。

分配给中继组的入局业务类决定如何处理入局呼叫，出局呼叫用FAC的出局业务类。业务类1～255在COS模块中定义，每个业务类包括控制呼叫处理的拨号控制类、功能类和路由类。如果给中继组分配的业类的拨号控制类是“NO ORIGINATION”类型的，则该中继组的中继线上不允许有入局呼叫，只允许出局呼叫。

在中继组的电路表中寻找空闲电路时，可以是表 6-12 所示的寻线类型。

表 6-12　　中继组寻线类型

序号	寻线类型	功能说明
1	HF	从头正向查找：从第一个电路直到最后一个电路
2	HR	从尾反向查找：从最后一个电路直到第一个电路
3	CF	正向循环：从上一次使用的电路的下一个开始正向循环查找
4	CR	反向循环：从上一次使用的电路的前一个开始反向循环查找

（8）建立 FAC。所有出中继呼叫都要通过一个路由点（路由模式中），然后到一个控制设备，最后找与此控制设备相联系的中继组出局。FAC 决定了如何将一个呼叫发送到指定的中继组。在 FAC 中定义了一些输出脉冲命令，它控制着通过指定中继组出局的拨号信息。另外，该表中也定义了出局所用的服务级别。

（9）建立 PAT。一个路由模式用于对出局呼叫的路由级别进行检查。通过检查的呼叫通常送到 FAC，再到与此控制设备相联系的中继组出局。如果一个呼叫找到一个 PAT 的末端仍未发现出局路由，主叫就会受到“中继全忙”拦截处理。在一个路由模式中，需要配置路由点、排队点、允许点。

1）路由点。在路由模式的路由点，系统检查主叫服务级别中的路由级别，如果主叫的路由级别不能通过该路由点，就会找下一个路由点。

2）排队点。一个排队点被用于该路由模式中允许排队的几个路由点。必须指出排队方法和排队时间，以及允许哪个路由级别的呼叫排队等，如果某呼叫不能在此排队点排队，就会找到下一个允许的路由或排队点。

3）允许点。呼叫可以通过一个允许点继续寻找路由出局，可以指定哪个路由级别可以通过此允许点。

常见的路由模式类型见表 6-13。

表 6-13　　常见的路由模式类型

序号	路由模式类型	功能说明
1	STANDARD	STANDARD 型路由模式将通常的呼叫引导到出中继组，寻找路由
2	RECORDER	RECORDER 型路由模式把呼叫引导到带有录音信息设备的中继组
3	PAGE（n）	PAGE 型的路由模式将呼叫引导到与广播设备相连的中继组，对应的广播区是 n（$n=1\sim8$）
4	GENERAL	GENERAL 型的路由模式将呼叫引导到与话音邮政设备（VMS）相连的中继组
5	SECRETARY	SECRETARY 型的路由模式将呼叫引导到与 VMS 相连的中继组
6	AUTO-ANSWER	AUTO-ANSWER 型的路由模式可将一个呼叫引导到话音邮政系统
7	MESSAGE	MESSAGE 型路由模式用于话音邮箱系统的回叫功能，每个数据库允许配置一个 MESSAGE 型路由模式
8	CUSTOM	CUSTON 型路由模式将一个呼叫引导到一个与 VMS 相连的中继组

（10）修改 COL 参数。使用 MODIFY 命令修改第（2）步中建立的 COL 中的内容，使入局电话打到内部分机时，可以去掉前面的几位表示入局电话的数字，从而使内部分机振铃。

2. 新增 Q 信令中继数据库实例

任务说明：本程序配置 1 路 Q 信令 2M 中继，出局 COS 为 23，入局 COS 为 24，使具备长话功能的分机能够通过该中继拨打并接听长途电话。

```
EDT ...? SEL A...                              // 选择数据库 A ...
A ...? BOA
BOA ...? ADD                                   // 新加一 Q 信令 2M 板
电路板类型 ...? 30PRI
插槽 ...? 1-2                                  // 在 1-2 插槽新加 Q 信令板。
HARRIS 专用网接口(Y/N) ...? N                  // 所有选 Y/N 的地方全打 N。
HARRIS 专用网接口功能(Y/N) ...? N
PRI 接口远端连接交换机,软件版本为 9/10 (Y/N) ...? N
ISDN PRI 协议(ATT, DMS1, DMS2, ETSI, QSIG, NTT) ...? QSIG
转接计数器 [10] ...?
循环冗余检验码 4 (Y/N) ...? N
接口号 ...? 4
第 2 层终端局类型 (MASTER 或 SLAVE) ...? MASTER
D 通道业务类 (0-255)[0] ...? 39
D 通道上的 HDLC 转换 ...? N
TS16 填全'1'吗? [N] ...?
去活 TS16 OOS 告警指示信号 [N] ...?
可接受的 FAS 误码率 [4] ...?
接收帧滑码计数器限制 (1-254, 或 OFF) [254] ...?
提醒维护告警计数器限制 (1-254, 或 OFF) [254] ...?
远端告警前计数器限制 (1-254, 或 OFF) [254] ...?
退出服务告警前计数器限制 (1-254, 或 OFF) [254] ...?
提醒维护告警启动延时 [2.0] ...?
提醒维护告警关闭延时 [2.0] ...?
远端告警启动延时 [0.3] ...?
远端告警关闭延时 [0.3] ...?
电路号 (1-32, 或 END) [END] ...?

FEA ...? ADD 23                                // 加出中继功能级别 23
功能类类型 ...? fac
功能[END] ...?
注释 ...? q out
```

```
加功能类 23...
FEA...? ADD 24                      // 加入中继功能级别 24
功能类类型...? tru
功能[END]...? f53
禁止自动重呼 [N]...? Y
功能[END]...? f30
显示主叫号码 [N]...? Y
功能[END]...?
注释...? q in
加功能类 24...

COL...? ADD                          // 收集路由表 COL(1)
收集路由表名...? cr-q
数字间信号[NONE]...?
SEQ [END]...? 2xxx= sta
SEQ [END]...?
注释...?                             //加收集路由表 'CR-Q'

DIA...? ADD 24
拨号控制类型...? dial
目标...? cr-q
空号拦截 [TONE]...?
数字拦截 [TONE]...?
拨号不全拦截 [TONE]...?
ATB 拦截 [TONE]...?
路由模式拦截 [TONE]...?
功能拦截 [TONE]...?
网路控制拦截 [TONE]...?
无拨号拦截 [TONE]...?
分机暂停使用拦截 [TONE]...?
分机删除拦截 [TONE]...?
维护忙拦截 [TONE]...?
信息音拦截 [TONE]...?
号码变更拦截 [TONE]...?
注释...? q in
加拨号控制类 24...

ROU...? ADD 23
```

注释...? q out
加路由类 23...
ROU...? ADD 24
注释...? q in
加路由类 24...

ROU...? COS
COS...? ADD 23
拨号控制级别（0-63）...? 1
功能级别（0-63）...? 23
寻路由级别（0-63）...? 23
可靠拆线（Y/N）[Y]...?
注释...? q out...
加业务类 23...
COS...? ADD 24　　　　　　　　　　　　　// 加 Q 信令入局服务等级 24
拨号控制级别(0-63)...? 24
功能级别(0-63)...? 24
寻路由级别(0-63)...? 24
可靠拆线（Y/N）[Y]...?
注释...? q in... 加业务类 24...

TRU...? ADD 10
中继组类型 [GS]...? pr
入局 COS 号（0-255）...? 24
中继 ID 数字[NONE]...?
无应答分机...? n
允许出局呼叫[YES]...?
寻线方式[HF]...? CF　　　　　　　　　　// 寻线类型为正向循环
电路数（1-127）...? 30
电路位置[END]...? 1-2-1
电路位置[END]...? 1-2-2
电路位置[END]...? 1-2-3
电路位置[END]...? 1-2-4
电路位置[END]...? 1-2-5
电路位置[END]...? 1-2-6
电路位置[END]...? 1-2-7
电路位置[END]...? 1-2-8
电路位置[END]...? 1-2-9

电路位置[END]...? 1-2-10
电路位置[END]...? 1-2-11
电路位置[END]...? 1-2-12
电路位置[END]...? 1-2-13
电路位置[END]...? 1-2-14
电路位置[END]...? 1-2-15
电路位置[END]...? 1-2-17
电路位置[END]...? 1-2-18
电路位置[END]...? 1-2-19
电路位置[END]...? 1-2-20
电路位置[END]...? 1-2-21
电路位置[END]...? 1-2-22
电路位置[END]...? 1-2-23
电路位置[END]...? 1-2-24
电路位置[END]...? 1-2-25
电路位置[END]...? 1-2-26
电路位置[END]...? 1-2-27
电路位置[END]...? 1-2-28
电路位置[END]...? 1-2-29
电路位置[END]...? 1-2-30
电路位置[END]...? 1-2-31　　　　　　　　　　　　// 中继组满
话务台显示名...? qin
数字话机显示名...? qin
注释...? q
加中继组 10...

TRU...? FAC
FAC...? ADD 10
中继组号（1-30 或 NONE）...? 10
出局 COS 号（1-255）...? 23
Element [SCDN]...?
号码类型[NATIONAL]...?
编码方案[ISDN]...?
数字 [SDIGITS 10]...? sdi 15
数字 ...?
Element...? scln
显示限制指示语[ALLOWED]...?
号码类型[NATIONAL]...?

```
编码方案[ISDN] . . . ?
数字 [SDIGITS 10] . . . ? sani 4
数字 . . . ?
Element . . . ?
注释 . . . ? q out                                  // 加控制器 10

FAC . . . ? PAT
PAT . . . ? ADD rp - q
路由模式类型[STANDARD] . . . ?                      // 寻路由到中继组
Route/Queue/Allow 点（END）. . . ? ROU
路由类[END] . . . ? all
路由类[END] . . . ?
前转路由类[END] . . . ? all
前转路由类[END] . . . ?
承载业务类是允许的 [END] . . . ? all
承载业务类是允许的 [END] . . . ?
控制器号（1 - 90）. . . ? 10
星期 [END] . . . ? all
小时[ALL] . . . ?
星期 [END] . . . ?
包括排队路由点 . . . ? N
Route/Queue/Allow 点（END）. . . ? END
后续路由模式[NONE] . . . ?
注释 . . . ? rp - q out                              // 加 Q 信令出局路由模式'rp - q'

PAT . . . ? COL                                    // 收集路由表 COL(2)
COL . . . ? MOD cr - q                             // 修改收集路由表 'cr - q'
数字间信号[NONE] . . . ?
SEQ [END] . . . ? NXXXX XXXX/REM 1,5= STA
2XXX = STA
SEQ [END] . . . ?
新注释[FOR Q IN]…?
…修改收集路由表'cr - q'
COL . . . ?
```

第四节　程控交换机常见故障处理

电力系统中程控交换机主要用作生产和管理，当交换机出现故障时，要求运维人员能快速准确的找出故障原因并及时消除故障。本文以哈里斯交换机 H20－20 为例，根据工作中长期以来对该系统设备的维护经验，对该系统设备维护可能会出现的故障及解决方案进行汇总，以确保系统正常工作。日常故障分析及解决方案如下。

一、调度电话机故障

（1）不能正常拨号。当发现话机不能正常拨号故障时，应先采取替换法判断话机是否故障；当更换话机后故障仍然存在，此时应检查电话线是否损坏；更换电话线仍不能解决时，则应检查端口是否损坏或查看系统中该部话机的服务等级是否设置正常。

检查故障电路所在的 16 线模拟用户板指示灯是否正常（占用该板某电路位置时亮绿灯，空闲时不亮灯，电路板电源保险故障时亮红灯。如果亮红灯，则戴上防静电护腕，拔下用户板查看电路板右侧保险管是否烧坏，如果烧坏根据参数更换保险管）。

断开配线架外线侧，测试端口状态用 Ctrl＋C 联机，使用 TEST 命令测试电路板端口状态。若测试不通过则表明确定是 16 线模拟用户板故障。选择与故障 16 线模拟用户板物料号相同的备板，戴上防静电护腕，带电更换原故障模拟用户板后再次使用 TEST 命令测试电路板端口状态。测试模拟电话通话是否恢复正常。

（2）无拨号音。当话机无拨号音时，应先采取替换法判断话机是否故障；当更换话机后故障仍然存在，此时，应检查配线架上交换机侧输出端是否正确；如果交换机输出信号不正确，此时应启用交换机用户故障诊断程序对该用户进行测试诊断并根据诊断结果进行故障处理。如果交换机输出正确，则根据具体情况分段检查音频配线架至用户的各段线路。

（3）2M 板 PM、LOS 两红灯亮。当 2M 板 PM、LOS 两红灯亮时，可能引起的原因有 2M 同轴线路断线或 2M 同轴收发线接反，采用自环或换收发的方式处理故障。

（4）2M 板 PM、RXOOS 两红灯亮。当 2M 板 PM、RXOOS 两红灯亮，此时本端交换机收不到远端交换机的信号，在同轴配线架自环，如果绿灯，表示本端正常。

（5）2M 板 REM 远端告警黄灯亮。当 2M 板 REM 远端告警黄灯亮，此时故障原因有两种：①本端同轴电缆发线故障；②对端同轴电缆收线故障。在数字配线架上进行自环测试，如果绿灯，表示本端正常；对端判断方法相同。若两端均没有问题则可判断是传输通道故障。

二、调度台故障

（1）值班员调度台不振铃，但能接电话。

1）故障分析。调度卡铃流模块故障。

2）解决方法。更换调度卡铃流模块。

（2）值班员调度台热键无法拨号，来电也无法显示；拨号盘能正常拨号。

1）故障分析。KVM 延长器出现故障，USB 接口及 VGA 接口数据没有及时传输到固定显示器。

2）解决方法。复位相应 KVM。

（3）值班员调度台备 U 口断开。

1）故障分析：①调度台备 U 口数据线未正常连接；②调度转接板卡对应电路故障。

2）解决方法：①检查调度台备 U 口数据线是否连接正常；②检查调度转接板卡对应

电路时隙是否正常。

（4）调度小号摘机没有拨号音。

1）故障分析。模拟用户板卡（ALU）出现故障，音频模块对应配线端短接。

2）解决方法。将配线模块断开，直接连接测试分机然后测试；更换模拟用户板卡。

（5）调度台热键与来电席位不对应。

1）故障分析。对方送的主叫号码不正确；调度台热键号码不正确。

2）解决方法。查看 CDR 记录对方送的主叫是否正确；修改调度台热键对应的号码

（6）交换机同一层机架的用户号码都不振铃，但是能正常接电话。

1）故障分析。铃流板卡出现故障。

2）解决方法。测量铃流电压是否在正常范围内，如果电压不对，更换铃流板卡。

（7）交换机用户小号摘机后，没有拨号音。

1）故障分析。电话机故障；DTMF 板卡故障。

2）解决方法。更换一个新话机；查看 DTMF 板卡时隙状态。

（8）同组调度台中的一个无法拨打电话或者无法接听电话。

1）故障分析。调度台软件运行中出现数据出错故障或调度小卡故障。

2）解决方法。重启调度台软件；更换调度小卡。

（9）同组调度台中，一个调度台通话，其他调度台无法在座席区看见其通话。

1）故障分析。此调度台在调度台组中的排序与数据库中的不一致。

2）解决方法。修改数据库中的调度台排序。

（10）交换机其中一层的所有业务都不能正常运行。

1）故障分析。交换机无法给这一层提供时隙，可能是这一层 SDU 出现故障或者此层对应的 PAM 板卡出现故障。

2）解决方法。更换 SDU 板卡或者 PAM 板卡。

图 6-20　程控交换机二次电源电压输出测试点

三、程控交换机控制系统故障

程控交换机控制机架的控制系统不正常，CPU 及 TSA 板闪红灯。解决方法如下：

（1）检查交换机公共控制部分（CPU、TSA）指示灯状态。

（2）检测故障机架二次电源电压，用万用表检测交换机机架上二次电源输出测试点，如图 6-20 所示，电压是否分别为 ±5V 和 ±12V。偏离标准值，则二次电源部分故障。

（3）根据电源板（PSM）的指示灯的状态进行故障分析，红灯确定为电源板故障。选择与故障电源板物料号相同的备用电源板；关掉故障机架电源，戴上防静电护腕，更换

原故障电源板。

（4）打开故障机架电源，等待大约 2min 后，观察指示灯状态，该层机架所有板件指示灯恢复正常后，重新使用 Ctrl＋C 联机，使用交换机 EDT→SHOW 命令查看交换机公共控制机架状态。当控制机架显示正常后，说明交换机公共控制部分工作恢复正常，确认故障已消除。

四、音频配线保安单元故障

程控交换机电源工作正常，公共控制部分正常，数据库配置正确。故障现象为 1 部模拟电话摘机无音且不能打接电话。解决方法如下：

（1）在交换机输出音频配线架上取下故障用户保安单元，用测试话机检查交换机输出端信号是否正常，能否拨打和接听电话，如果不能则应检查交换机故障。

（2）如果交换机输出正常，则插上保安单元并断开用户侧线路，在保安单元输出端口上用测试话机检查保安单元输出端信号是否正常，能否拨打和接听电话，如果不能则判断为保安单元故障并更换保安单元。

（3）如果保安单元输出端信号正常并能拨打和接听电话，则可以判断为用户话机或用户线路故障，根据具体情况逐段检查用户线路和用户话机。

第七章　常用仪器仪表与使用

通信仪器仪表是通信技术发展的重要“工具”，是通信技术的“倍增器”，是通信设备运行维护的“先行官”，在当今时代，推动通信技术发展及提升通信运行维护水平具有非常重要的意义。通信仪器仪表是用以检出、测量、观察、计算各种通信物理量和物性参数的器具或设备。光源与光功率计、2M误码仪、光时域反射仪、光缆普查仪等均属于必备的通信仪器仪表。

第一节　光源和光功率计

一、光源和光功率计概述

光源与光功率计常配合使用，两者有集成式共用仪表，也有分离式，以供在不同地点使用。

光源指的是主动发光接受检测用的仪器。光功率计是指用于测量绝对光功率或通过一段光纤的光功率相对损耗的仪器。在光纤系统中，测量光功率是最基本的，非常像电子学中的万用表。在光纤测量中，光功率计是重负荷常用表。通过测量发射端机或光网络的绝对功率，一台光功率计就能够评价光端设备的性能。用光功率计与稳定光源组合使用，则能够测量连接损耗、检验连续性，并帮助评估光纤链路传输质量。

1. 光源

光源用于向光缆线路发送功率稳定的光信号，通常与光功率计配合使用。光源在光缆线路的首端发送激光信号，光功率计在末端测试，光源的发送功率减去光功率计接收到的功率即为被测线路总衰减，根据被测线路长度分析衰减是否正常，分析光缆线路运行情况。图7-1为手持式光源。

光源可以向光纤提供多种波长的激光，典型的波长有650nm、850nm、1310nm和1550nm。输出功率由具体设备决定，分为可调节式和固定式。可以提供FC/PC接口，适用于单模光纤和多模光纤。

2. 光功率计

光功率计是光纤通信领域中最基本、最重要的测量仪表之一，用于测量不同波长的光功率，包括测量线路损耗、发射机输出功率和接收机灵敏度，以及无源器件的插入损耗。它的作用是将由光纤传来的微弱光信号转换为电信号，经放大处理后恢复原信号。光功率计测量结果显示为绝对光功率（单位为dBm/W）或相对光功率（单位为dB），可以根据需求进行手动切换。

光功率计由主机、尾纤适配头（FC/SC）组成，在使用中根据尾纤的需要和待测光源的波长选用不同的适配头设置主机的波长。图7-2为手持式光功率计。

光功率计按携带方法分为台式光功率计和便携式光功率计；按用途分为普通光功率计和PON功率计。

图 7-1　手持式光源

图 7-2　手持式光功率计

光功率计主要技术指标有工作波长、测量范围和自检功能。光功率计可测试的主要波长有 850nm、980nm、1300nm、1310nm、1490nm、1550nm、1625nm。

二、光功率计的应用

图 7-3 为光功率计的使用流程图，首先进行光功率计调零，主要是消除光探测器的残余暗电流及弱背景等噪声功率的影响，注意输入口必须完全遮光，或在弱背景光下调零，但是光功率值不能超过最小量程值的一半。将尾纤正确与光源和光功率计连接，再打开光源和光功率计电源，正确设置测试波长（选波长主要有 850nm、1310nm、1550nm，常用 1310nm），然后按下光功率计的测试键查看结果，最后待光功率计显示数据稳定后，再读数并记录。

图 7-3　光功率计的使用流程图

【应用实例 1】

图 7-4 为测试光板发光功率的连接图，可以测试该 SDH 设备单的发送光功率。一般光设备的发光模块的发光功率为 1mW 左右，即如果光纤一端连接光功率计，则读取的测试数据结果在 0dBm 左右。

【应用实例 2】

图 7-5 为测试光板接收光功率连接图，对端站的光设备通过光纤连接到本站，可以测试本站光板接收光功率。

三、光功率计使用注意事项

（1）光功率计波长设定应与被测设备波长相同，测量结果应与定值符合或接近。切勿使输入的光功率超过仪器测量范围的上限，过强的光功率会烧毁仪器的光探测器。

（2）当接收光功率大于光功率计的量程时，应加光衰减器（光衰减器的作用是对光信号进行衰减），并注意光衰与光功率计接口匹配。

（3）若待测光纤由活动连接器输出，应清洁活动连接器端面；若为裸光纤输出，应制

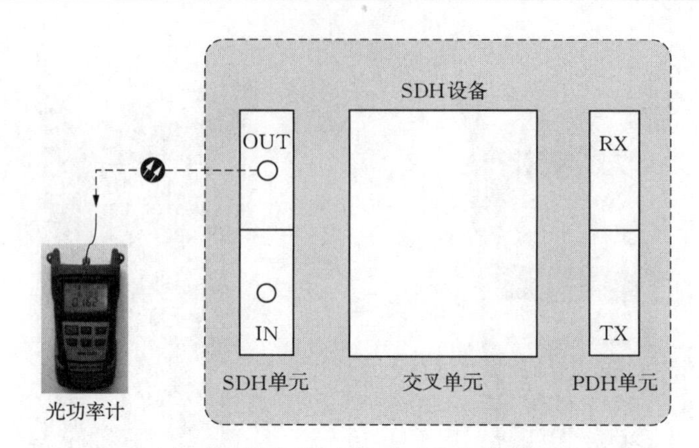

图 7-4　测试光板发光功率的连接图

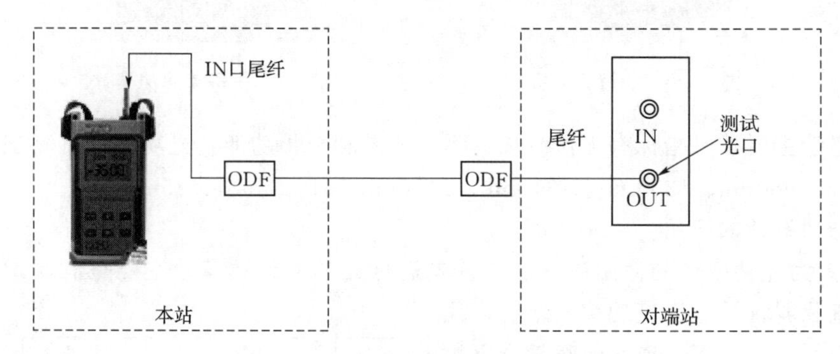

图 7-5　测试光板接收光功率连接图

作好光纤端面。

(4) 因为接收端口的连接容易引起误差，故可反复测量几次后取平均值。

(5) 应当保持仪器清洁。由于光输入口直接连接光探测器，因此卸下光缆连接线后应立即戴上防尘帽，以防止硬物、灰尘或其他脏物触及光敏面，污染和损伤光探测器。

第二节　2M　误　码　仪

一、2M 误码仪概述

2M 误码仪是一种在通信系统中对误码率进行测试分析并仿真的仪器。误码率测试本质上就是输出一个已知的数据位流给被测设备，然后捕获并分析被测设备返回的数据流。2M 误码仪小巧轻便，便于手持与携带，具有带背景光的大 LCD 显示屏，能够适用于任何测试环境。图 7-6 为手持式 2M 误码仪。

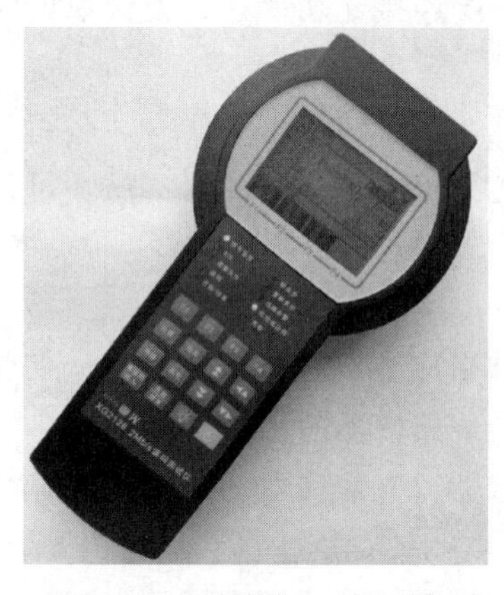

图 7-6　手持式 2M 误码仪

二、2M 误码仪的应用

图 7-7 为 2M 误码仪的使用流程图，首先在 2M 数字配线单元（DDF 单元）上准确找出被测试的 2M 接口，用同轴电缆将 2M 误码仪正确连接。2M 误码仪 Rx 接设

图 7-7 2M 误码仪的使用流程图

备 Tx，2M 误码仪 Tx 接设备 Rx。打开 2M 误码仪电源，选择 2M 测试窗口。然后进行测试，最后 2M 误码仪显示数据稳定后，再读数并记录。

【应用实例 1】

图 7-8 为测试本地传输设备误码率实际连接图，图 7-9 为测试本地传输设备误码率时的信号流，2M 误码仪通过伪随机码发生器发送出数字信号，经过传输设备的 2M 接口板、交叉单元、光接口板，经光接口板环回后原路返回，再被 2M 误码仪接收，通过比较发送和接收的伪随机码来得到误码率。

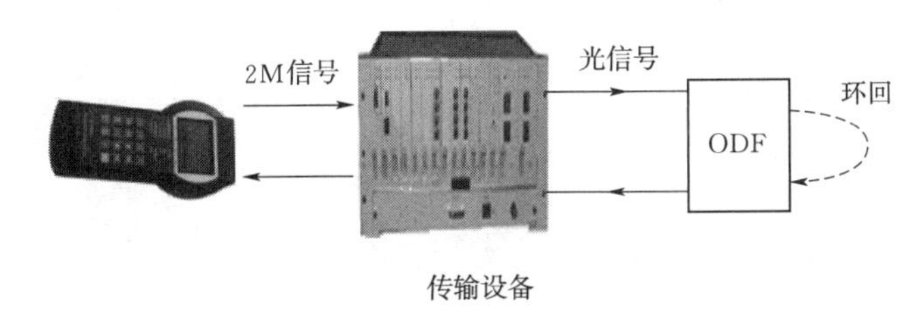

图 7-8 测试本地传输设备误码率实际连接图

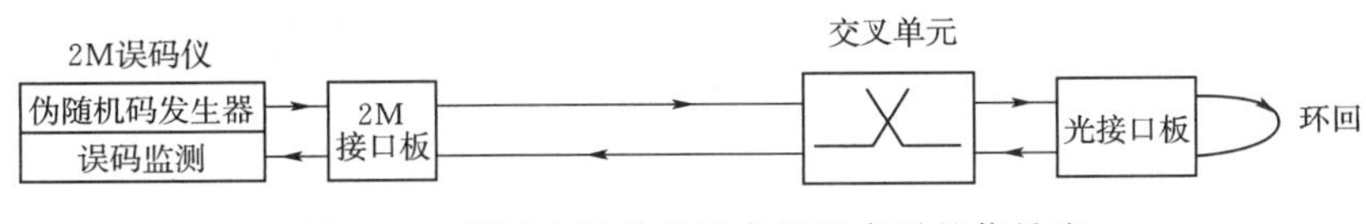

图 7-9 测试本地传输设备误码率时的信号流

【应用实例 2】

图 7-10 为测试两个站点间传输设备间误码率实际连接图，构建 2M 环回，测试该传输网络的误码率。构建 2M 环回主要有两种方式：①使用软件方式（SDH 网管系统）配置 2M 环回；②使用硬件连接方式（在数据配线架上连接尾纤）配置 2M 环回。

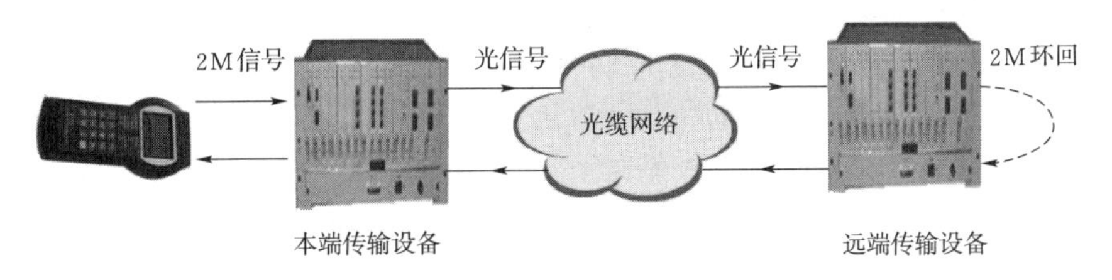

图 7-10 测试两个站点间传输设备间误码率实际连接图

三、2M 误码仪使用注意事项

（1）在插拔接口电缆前，一定要先关闭电源。

（2）一般 2M 误码仪的电池为锂电池，如长期不使用，应每隔一年对锂电池充电一次。

（3）2M 误码仪应贮藏于通风干燥处，防止靠近热源，远离阳光直射、机械振动、潮湿和较多灰尘的环境。

（4）切勿用酒精、汽油等有机溶剂清洗 2M 误码仪，应用少许中性洗涤剂清洁机壳。

第三节　光 时 域 反 射 仪

一、光时域反射仪（OTDR）概述

OTDR 是一种应用广泛的多功能光纤测试工具，主要应用于光缆线路的维护、施工之中，可测量光纤长度、光纤的传输衰减、接头衰减和故障精确定位等，图 7－11 为常见的 OTDR。

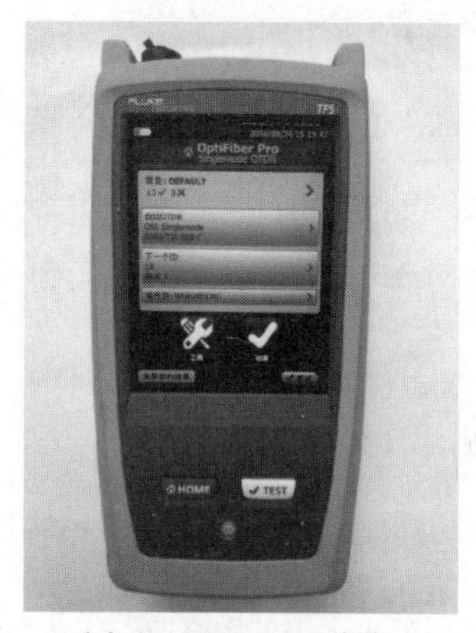

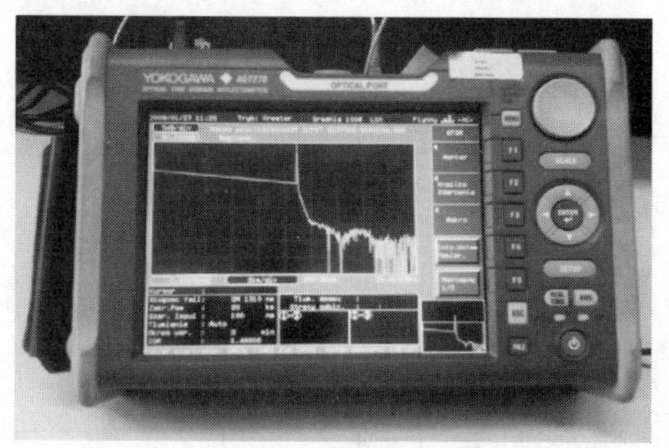

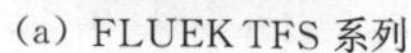

(a) FLUEK TFS 系列　　(b) YOKOGAWA　AQ 系列

图 7－11　常见的 OTDR

OTDR 的工作原理就类似于雷达，它先对光纤发出一个测试激光脉冲然后观察从光纤上各点返回（包括瑞利散射和菲涅尔反射）的激光的功率大小情况，重复此过程，将结果平均并以轨迹形式显示，轨迹描绘了整段光纤内信号的强弱，即纵轴为接收的功率 dB 值，横轴为光纤距离。

由于光纤本身生产制作时的缺陷和掺杂组分的非均匀性，使得光纤中传播的光脉冲发生瑞利散射。一部分光沿脉冲相反的方向被散射回来，称为瑞利背向散射，瑞利背向散射提供了与长度有关的衰减细节。

与距离有关的信息是通过时间信息而得到的。在不同折射率两个传输介质的边界（连接器、机械接续、断裂或光纤终结处）会发生菲涅尔反射，此现象被 OTDR 用于准确定位沿光纤长度上不连续点的位置，且反射的大小取决于边界表面的平整度及折射率差。

综上，OTDR 输出一个光脉冲进入连接的光纤，并及时接收来自该脉冲的背向散射功率和由于各事件造成的反射。背向散射光信号就表明了由光纤导致的衰减程度，轨迹是一条向下的曲线，说明由于损耗导致背向散射的功率不断减小。

OTDR 的主要有动态范围、盲区等相关参数。OTDR 的动态范围是 OTDR 非常重要的一个参数。初始背向散射电平与噪声电平的 dB 差值称为 OTDR 的动态范围。动态范围揭示了从 OTDR 端口的背向散射级别下降到特定噪声级别时 OTDR 所能分析的最大光损耗。将活动连接器和机械接头等特征点产生反射后引起 OTDR 接收端饱和带来的一系列“盲点”称为盲区。盲区与脉冲宽度相关，缩减脉冲宽度可以缩小盲区。但是缩减脉冲宽度又会减小动态范围，会导致 OTDR 可测量的光纤链路距离缩短，因此，必须选择合适的脉冲宽度。

决定 OTDR 精度的因素主要有采样间隔、时钟精度、折射率等。采样间隔越大，对精度影响越大，因此采样间隔越小越好。时钟精度对 OTDR 精度影响非常大，因此，必须保证时钟精度足够高。

二、OTDR 的应用

1. OTDR 的使用

图 7-12 为 OTDR 的使用流程图，首先进行仪表连纤，将尾纤与 OTDR 的“光输出连接器”接口相连，然后开启 OTDR 电源，仪表进入应用程序，选定 OTDR 自动测试模式进行测试。得到测试结果之后，可以查看和读取测试数据，在 OTDR 测试轨迹线中查看测试仪表上轨迹变化情况、波形分布情况，读取波长、光缆距离、光缆线路衰减。然后进行故障点分析判定，根据测试数据、轨迹变化和波形情况确定故障点位置并分析该条光缆的质量和运行情况。最后，保存测试数据，以便以后进行分析。

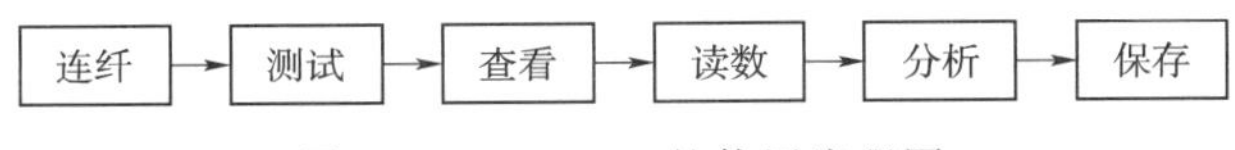

图 7-12 OTDR 的使用流程图

2. OTDR 测试结果分析

OTDR 向被测光纤反复发送光脉冲，将每次扫描的曲线进行平均后得到结果曲线，图 7-13为 OTDR 测试结果示例，该 OTDR 测试结果显示：1310nm 是 OTDR 发送光脉冲的波长。A 标记线为 OTDR 测试起点，A 点光功率为－0.471dB；B 标记线与起点间距离为 7154.6m，B 点光功率为－2.753dB；标记线 A-B 间的距离为 7154.6m，平均损耗为 0.319dB/km，光功率差为 2.283dB。标记线可以在整段光缆中移动。测试光缆共有 4 个

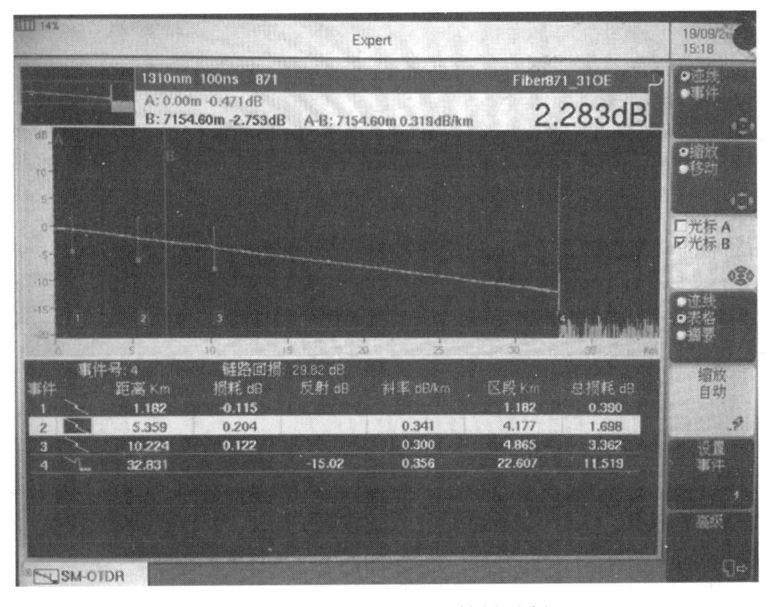

图 7-13 OTDR 测试结果示例

事件。在距离测试点 1.182km 处有 −0.115dB 损耗，总损耗为 0.390dB；在距离测试点 5.359km 处有 0.204dB 损耗，总损耗为 1.698dB；在距离测试点 10.224km 处有 0.122dB 损耗，总损耗为 3.362dB；在距离测试点 32.831km 处是光纤段的终点，总损耗为 11.519dB。OTDR 测试波形在熔接、弯折、活动连接器、机械固定接头、断裂、光纤末端等有位置会出现突变，形状各异，如图 7－14 所示。

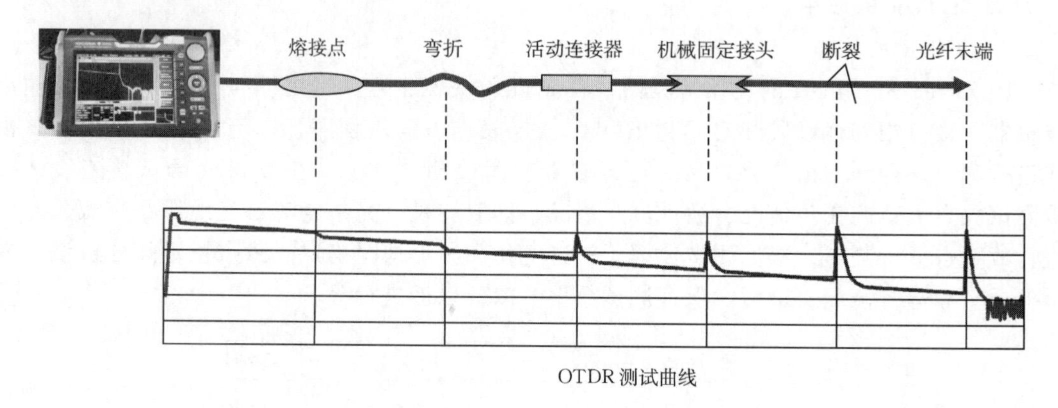

图 7－14　OTDR 测试事件类型及显示图

三、OTDR 使用注意事项

（1）在测量光纤的时候，一定要选择与光纤相匹配的 OTDR 进行测量，才能得到准确的测量结果。如果使用单模 OTDR 模块对多模光纤进行测量，或使用一个多模 OTDR 模块对芯径为单模光纤进行测量，光纤长度的测量结果不会受到影响，但光纤损耗、光接头损耗、回波损耗的结果都不准确。

（2）光纤活动接头接入 OTDR 前，必须认真清洗，否则插入损耗太大，测量不可靠，曲线多噪声会使测量不能正常进行，甚至可能损坏 OTDR。清洗 OTDR 时，避免使用酒精以外的其他清洗剂，因为错误的清洁剂可使光纤连接器内的黏合剂溶解。

（3）要得到精确的测量结果，必须做好参数设置、数据获取和曲线分析。

（4）使用 OTDR 之前，应确认被测光缆与光设备断开，如果被测光缆联有光设备，OTDR 发出的强光有可能会损坏设备上的光模块。

第四节　光缆普查仪

一、光缆普查仪（OCID）概述

OCID 是一种专门进行光缆准确识别的精密仪器，该设备具有小巧轻便、界面友好、简单实用、不损伤光缆等优点。OCID 的工作原理是利用弹光效应，通过光学干涉的方法，将光缆的敲击振动信号转换为可视信号和音频信号，可准确查找和识别铺设于管道（人井）、隧道和电杆架空等环境下的目标光缆。使用 OCID 时，工程人员只需要轻轻敲击光缆，即可轻松识别出所需要寻找的目标光缆。图 7－15 中所示即是工程上常用的 TK200 型 OCID，它主要由主设备、敲击棒、耳机三者组成。

二、OCID 的应用

图 7－16 为 OCID 的使用流程图，图 7－17 为 OCID 现场测试示意图。测试人员在中心机房 ODF 配线架上先进行仪表连线，用尾纤将 OCID 的 APC 端口与被测光缆相连，佩戴好耳机并插入仪器。点击 POWER 键开机，在主界面选择 OCID 测试模块，进入后点击“线路设置”按钮，在“线路末端设置”页面点击“测试”按钮，将迹线图标杆移到线路末端位置处或直接手动输入被测光纤长度，其设置界面如图 7－18 所示，“确定”后返回 OCID 测试页面开始测试。

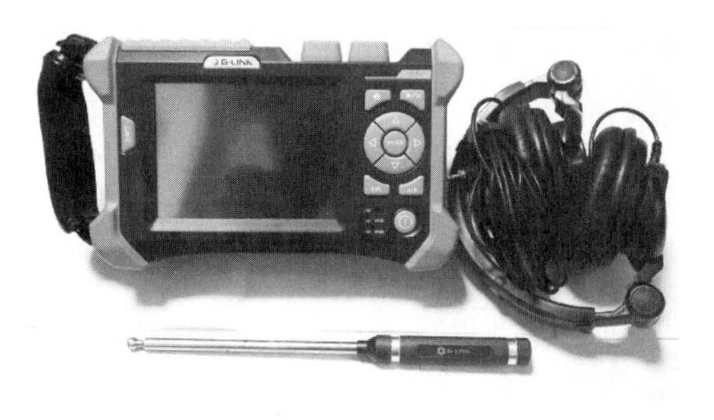

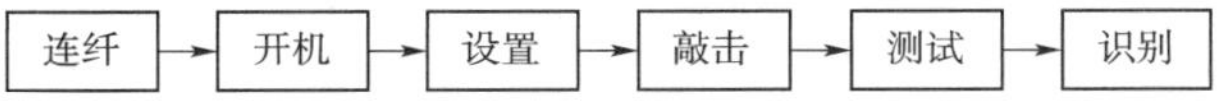

图 7－15　TK200 型 OCID

连纤 → 开机 → 设置 → 敲击 → 测试 → 识别

图 7－16　OCID 使用流程图

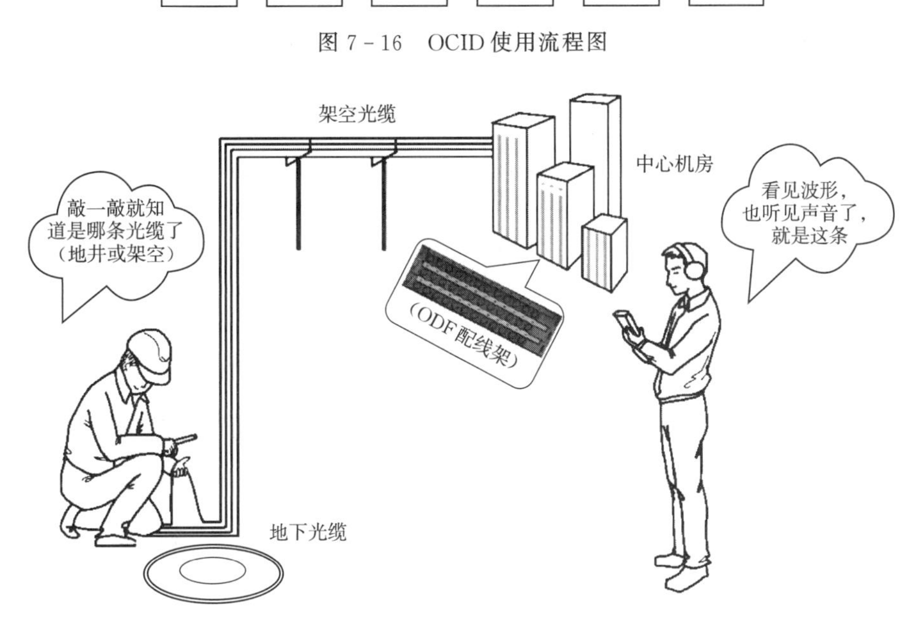

图 7－17　OCID 现场测试示意图

测试人员电话通知在光缆端的现场工作人员测试准备工作已完成，现场工作人员在敲击前将多条光缆的捆扎点去除分离，并将每根光缆用胶带编上号，以适当的力度敲击光缆。现场工作人员逐根敲击光缆，仪表对其他光缆几乎无反应；当敲击仪表所连接的光缆时，测试人员可以根据仪表面板上显示的心电图或条状图来反映光缆振动信号的强度，测试人员通过耳机中的敲击振动声音再次确认为该条光缆。测试人员可以提高调节“电平”按钮和耳机音量旋钮，使敲击有比较明显的视频和音频反应，电平值的设置是根据线路长度和末端反射强度的具体情况而定，当电平值设置不当时，有可能导致接收不到正确的敲击信号。根据线路长度的不一样，电平值建议设置见表 7－1。OCID 面板上显示的心电图如图 7－19 所示，显示的条状图如图 7－20 所示。

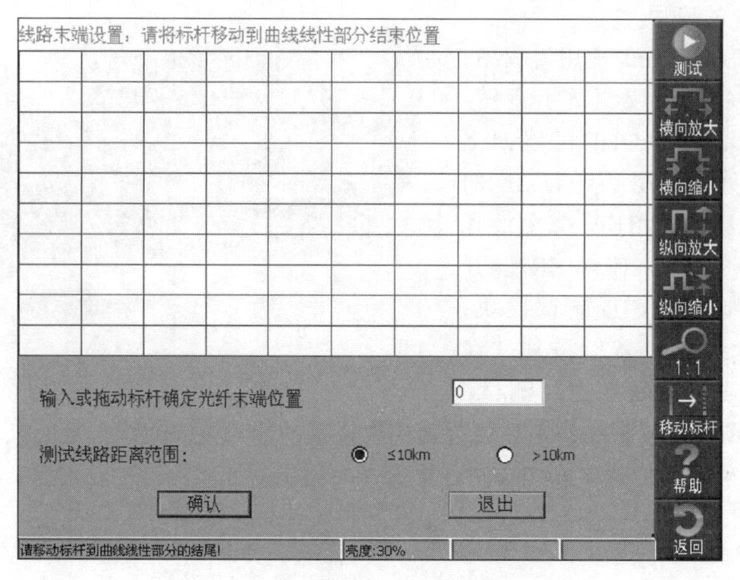

图 7－18　光纤/光缆线路末端设置页面

表 7－1　　电平值建议设置值

线路长度 X/km	电平值设置	备注
$X \leqslant 40$	末端无反射时，需要增强灵敏度，建议值为十挡或十一挡	该建议只做参考，具体设置视线路情况而定
	末端反射较强时，需要降低灵敏度，建议值为四至一挡	
$40 < X \leqslant 60$	五挡以上	
$60 < X \leqslant 80$	六挡以上	
$80 < X \leqslant 100$	十挡或十一挡	

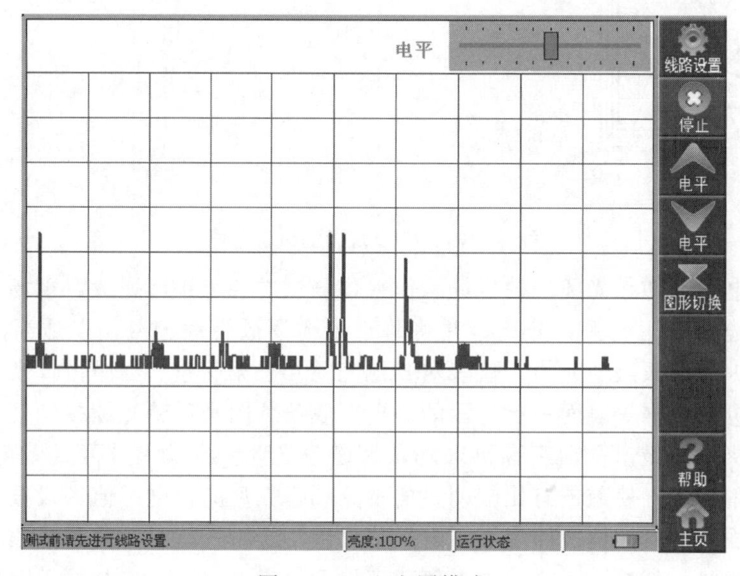

图 7－19　心电图模式

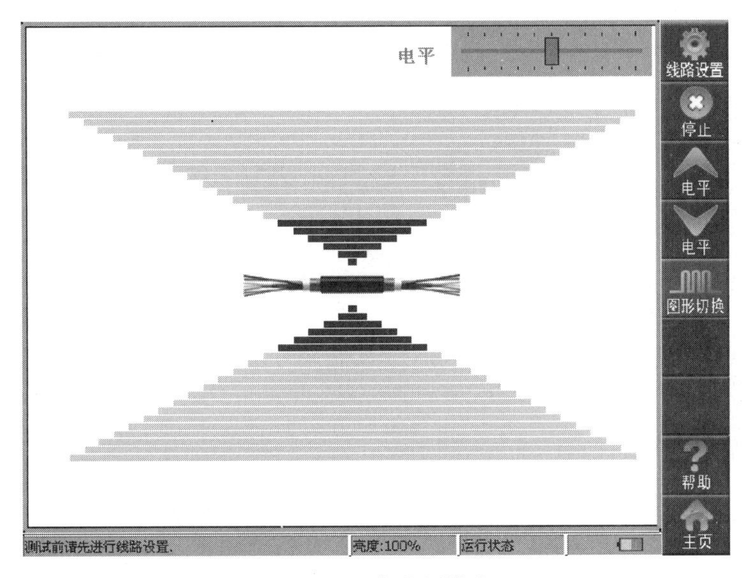

图 7-20 条状图模式

三、OCID 使用注意事项

(1) 使用前始终清洁光接口连接器。

(2) 避免不必要的撞击和振动。

(3) 若目标光缆末端反射很弱时，为保证测试效果，建议加强末端反射，以提高信噪比。将设备存储在室温下清洁干燥的地方，且避免阳光直射设备。

(4) 在使用中，避免湿度过高或显著的温度变化。

(5) 在对光纤线路末端设置时，移动标杆到光纤链路迹线图末端位置（即结束事件点）处，OCID 允许末端位置判定有±50m 的误差范围。

(6) 线路设置测试功能仅用于 TK200 测量光缆长度末端位置，不能替代传统 OTDR。

(7) 使用 G-LINK OCID TK200 查找目标光缆时，先轻轻敲击光缆，初步从心电图显示视频模式中判定出目标光缆所在，然后加大敲击力度，再次从耳机听到敲击声确认所判定的目标光缆是正确的。

(8) 电平调节按钮不能调节耳机音量，耳机音量只能通过耳机上的调节器调节。